LEITFADEN
Sanitätshelfer/in A und B

Ich möchte mich an dieser Stelle bei allen Bedanken, die mich bei der Fertigstellung dieses Werkes unterstützt haben. Vor allem bei Lisa, Stephan und Hendrik.

Impressum:

© 2018 Daria Böker *(Hrsg.)*

Auflage 2 2019

Umschlaggestaltung, Illustration: Daria Böker, Bilder WEINMANN Emergency Medical Technology GmbH + Co. KG

Verlag und Druck: tredition GmbH, Halenreie 40-44, 22359 Hamburg

ISBN Taschenbuch: 978-3-7482-5735-6
ISBN Hardcover: 978-3-7482-5736-3
ISBN e-Book: 978-3-7482-5737-0

Das Werk, einschließlich seiner Teile, ist urheberrechtlich geschützt. Jede Verwertung ist ohne Zustimmung des Verlages und des Autors unzulässig. Dies gilt insbesondere für die elektronische oder sonstige Vervielfältigung, Übersetzung, Verbreitung und öffentliche Zugänglichmachung.

Bibliografische Information der Deutschen Nationalbibliothek:
Die Deutsche Nationalbibliothek verzeichnet diese Publikation in der Deutschen Nationalbibliografie; detaillierte bibliografische Daten sind im Internet über http://dnb.d-nb.de abrufbar.

Inhalt

	Vorwort	7
1.	Organisation und Strukturen	9
	1.1. Organisationen	9
	1.2. Personal	9
	1.3. Rettungsmittel	10
	1.4. rechtliche Grundlagen	11
	1.5. Material in Notfallrucksack und Kfz-Verbandkasten	12
	1.6. Notfallnummern	16
2.	Ablauf Hilfeleistung	16
	2.1. Rettungskette	16
	2.2. Erstkontakt zum Patienten	17
	2.3. Übergabe an später eintreffendes Personal	21
	2.4. Grundlagen Wundabdeckung	21
	2.5. Immobilisation und Lagerungen	22
3.	Grundlagen Hygiene und Eigenschutz	28
	3.1. Persönliche Schutzausrüstung	28
	3.2. Qualifikationsabzeichen und Namensschilder	28
	3.3. spezielle Schutzausrüstung	29
	3.4. Hygiene	29
4.	Reanimation	30
	4.1. Cardiopulmonale Reanimation	30
	4.2. Benutzung von automatisierten externen Defibrillatoren(AED)	31
5.	Vitalzeichen kontrollieren	32
	5.1. Richtwerte bei Erwachsenen	32
	5.2. Hilfsmittel zur Vitalzeichenkontrolle	32
	5.3. Durchführung der Vitalzeichenmessung	33
6.1.	Anatomie/ Physiologie Herzkreislaufsystem	35
6.2.	Notfälle Herzkreislaufsystem	36
	6.2.1. Dekompensierte Herzinsuffizienz	36
	6.2.2. Akutes Koronarsyndrom/ Herzinfarkt	36
	6.2.3. (kardiales) Lungenödem	37
	6.2.4. Hypertensiver Notfall/ Hypertensive Krise	37
	6.2.5. Synkope	37
	6.2.6. Herzrhythmusstörungen	37
	6.2.7. Arterieller Gefäßverschluss	38
	6.2.8. Venöser Gefäßverschluss	38
	6.2.9. Mesenterialinfarkt	38
	6.2.10. Lungenembolie	38
	6.2.11. Aortenaneurysma	39

7.1.	Anatomie/ Physiologie der Lunge/ Atemwege	40
7.2.	Respiratorische Notfälle	40
	7.2.1. Respiratorische Insuffizienz	40
	7.2.2. Pneumonie	41
	7.2.3. Exazerbierte COPD	41
	7.2.4. Asthma bronchiale	41
	7.2.5. Pneumothorax	42
	7.2.6. Hyperventilation	42
8.1.	Anatomie/ Physiologie des Gastrointestinaltrakts und Abdomens	43
8.2.	Abdominelle und gastrointestinale Notfälle	43
	8.2.1. Gastrointestinale Blutung	43
	8.2.2. Peritonitis/ Pankreatitis/ Cholezystitis/ Appendizitis/ Divertikulitis	44
	8.2.3. Ileus	45
9.1.	Endokrinologie	46
9.2.	Endokrinologische Notfälle	46
	9.2.1. Hyperglykämie	46
	9.2.2. Hypoglykämie	46
10.1.	Anatomie/ Physiologie des Gehirns und des Nervensystems	47
10.2.	Neurologische Notfälle	47
	10.2.1. SHT	47
	10.2.2. Bewusstseinsstörung	48
	10.2.3. Enzephalitis/ Meningitis	48
	10.2.4. SAB/ Hirnblutung	49
	10.2.5. Epileptischer Anfall/ Krampfanfall	49
	10.2.6. Apoplex	50
	10.2.7. Bandscheibenvorfall	50
11.1.	Anatomie/ Physiologie des passiven Bewegungsapparates und des knöchernen Thorax	51
11.2.	Traumatologie	52
	11.2.1. Verletzungen von Hals und Kehlkopf	52
	11.2.2. Verletzungen von Thorax	52
	11.2.3. Verletzungen des Abdomens	53
	11.2.4. Verletzungen der Wirbelsäule	53
	11.2.5. Verletzungen des Beckens	53
	11.2.6. Verletzungen des Bewegungsapparates	54
	11.2.7. Amputationsverletzungen	54
	11.2.8. Schock	55
12.1.	Gynäkologie und Urologie	56
12.2.	Gynäkologische und urologische Notfälle	57
	12.2.1. Verletzungen im Genitalbereich	57
	12.2.2. Geburtshilfliche Notfälle	57

	12.2.3. Missbrauch	57
	12.2.4. Akuter Harnverhalt	58
	12.2.5. Hämaturie	58
	12.2.6. Akuter Nierenstein	58
13.1.	Anatomie/ Physiologie des Auges	59
13.2.	Ophtalmologische Notfälle	59
	13.2.1. Verätzung des Auges	59
	13.2.2. Hornhautabschürfung/ plötzlicher Sehverlust	59
	13.2.3. Lidverletzung	60
14.1.	HNO	61
14.2.	HNO-Notfälle	61
	14.2.1. Akute Blutung aus Mund/ Nase/ Ohr	61
	14.2.2. Akute Luftnot/ Verlegung der oberen Atemwege	62
	14.2.3. Hörsturz/ Tinnitus/ Knalltrauma	62
	14.2.4. Akuter Schwindelanfall	62
15.	Sonstige Notfälle	63
	15.1. Psychiatrische Notfälle	63
	15.2. Toxikologische Notfälle	63
	15.3. Infektionsnotfälle	64
	15.4. Allergische Reaktionen	64
16.	Thermische Notfälle	65
	16.1. Hypothermie	65
	16.2. Sonnenstich/ Hitzschlag/ Hitzeerschöpfung/ Hitzekrampf	65
	16.3. Verbrennungen	66
	16.4. Strom- und Blitzunfälle	67
	16.5. Erfrierungen	67
17.	Wasserunfälle	68
	17.1. Tauchunfall/ Dekompensationskrankheit	68
	17.2. Ertrinkungsunfall	68
18.	Pharmakologie	69
	18.1. Vorbereiten von Infusionen und Medikamenten	69
	18.2. Medikamente	70
19.	Verzeichnis der Fachbegriffe	72
20.	Quellenverzeichnis	76
20.1.	Bilder- und Abbildungsverzeichnis	76

Vorwort

Mein Name ist Daria Böker, ich bin im Jahr 1991 geboren und habe im Jahr 2011 das Gymnasium mit dem Abitur abgeschlossen. Mein Berufsleben habe ich mit einem Jahrespraktikum in einem Aufwachraum, also im OP-Bereich begonnen, da ich nicht so recht wusste für welchen Beruf ich mich entscheiden sollte. Mit einem Medizinstudium als Ziel habe ich 2012 schließlich die Krankenpflegeausbildung in Hamm begonnen, die ich 2015 abschloss. Das Studium strebe ich nun
nicht mehr an, seit Ende der Ausbildung bin ich auf einer Intensivstation in Ahlen beschäftigt und besuche zurzeit eine Fortbildung zum Pflegeexperten für die Betreuung von Intermediate Care Patienten in Lünen.
In meiner Freizeit bin ich neben dem Reitsport in der DLRG Ortsgruppe Heessen und im DRK Oelde als Sanitätshelfer B aktiv und strebe weitere Qualifikationen an. Ich war bereits an der Küste zum Wasserrettungsdienst und auf Sanitätsdiensten aktiv.
Im Rahmen der Sanitätshelferausbildung habe ich natürlich auch nach geeigneter Literatur gesucht. Zum einen, da ich auf Fragen meiner Kameraden antworten wollte, zum anderen, da die Schwerpunkte im Krankenhaus und „draußen" unterschiedlich sind und die Strukturen sich völlig unterscheiden. Leider wurde ich nicht so richtig fündig, alles was ich fand war gut, nur leider für höhere Qualifikationen brauchbar. Für nichtmedizinisches Personal und Sanitäter fand ich den Umfang zu groß und dachte es würde Kameraden nicht wirklich weiterhelfen, wenn man nichtmal die Hälfte versteht und es in seiner Freizeit aufarbeiten muss. Zumal es sich meistens um ein Ehrenamt handelt und motivierte Helfer immer seltener werden.
Daher habe ich es mir zur Aufgabe gemacht, ein Buch zu verfassen, was für die Ausbildung zum/zur Sanitätshelfer/in der Komponente B ausreichend ist und sich auf die Maßnahmen beschränkt, die dieser und diese auch durchführen kann und darf, in der Hoffnung, das Interesse zu wecken und ein Nachschlagewerk geschaffen zu haben. Helfe ich auch nur einem Kameraden, ganz gleich welcher Organisation er angehört, hat sich die Mühe schon gelohnt.

Viel Spaß beim Lesen und bei der Anwendung des Wissens.

Ich weise an dieser Stelle darauf hin, dass dieses Buch keineswegs vollständig ist. Es ist lediglich auf das Wissen reduziert, was für den Sanitätshelfer/die Sanitätshelferin wichtig ist. Außerdem weise ich darauf hin, dass praktisches Üben notwendig ist, um die Maßnahmen sicher beherrschen zu können.

Im nachfolgenden beschränke ich mich der Einfachheit halber auf „den Sanitäter" und „den Sanitätshelfer", spreche aber ausdrücklich auch die weibliche Form an.

Daria Böker

1. Organisation und Strukturen
1.1. Organisationen

Der Regelrettungsdienst und die Organisation der Sanitätsdienste sind in Städten und Kreisen unterschiedlich geregelt. Auch private Anbieter stellen Rettungs- und Sanitätsdienste. Je nach Organisation und Region wird auf verschiedene Tätigkeitsschwerpunkte Wert gelegt. Es kommt auch immer häufiger vor, das sie sich unter die Arme greifen und gegenseitig unterstützen.

1.2. Personal

Im Rettungs- und Sanitätsdienst gibt es Personal mit unterschiedlichen Qualifikationen und es herrscht eine Hierarchie.
Das medizinische Personal ist dem Arzt unterstellt, der der Hilfsorganisation angehört. Der Notfallsanitäter hat ein größeres Aufgabengebiet als der Rettungsassistent, da seine Berufsausbildung umfangreicher ist und mehr Verantwortung mit sich bringt. Der Rettungsassistent wird gar nicht mehr ausgebildet und stellt ein aussterbendes Berufsbild dar. Der Rettungssanitäter unterstützt den Rettungsassistenten und den Notfallsanitäter. Eine ausreichende Qualifikation, um einen Krankentransport begleiten zu dürfen, stellt der Rettungshelfer dar. Diese Ausbildung kann auf die des Sanitätshelfers der Komponente B angegliedert werden und beinhaltet auch ein Rettungswachenpraktikum.

Natürlich gibt es außer medizinischen Qualifikationen noch eine Reihe anderer, die auch auf Sanitätsdiensten und im Rettungsdienst sowie auch im Wasserrettungsdienst von entscheidender Bedeutung sind. Diese sind aber in den einzelnen Organisationen verschieden und für die medizinische Versorgung von Patienten vorerst zweitrangig, jeder sollte sich jedoch in seiner Organisation informieren, wie die Strukturen sind. Auch sollte man immer an die Erfahrung eines Kollegen denken, beispielsweise ein erfahrener San B kann vielleicht einem frischen Rettungshelfer nützliche Tipps geben.

Jeder darf im Einsatzfall seine Meinung äußern, wenn man mit der Patientenbehandlung nicht einverstanden ist. Jedoch ist abzuwägen, ob man dies in einem persönlichen Gespräch macht. Dann kann zusammen nach neuen Lösungswegen gesucht werden. Der Patient soll keinen Anlass erhalten, an der Kompetenz des Teams zu zweifeln.

Unabhängig von Qualifikationen hat eine gute Zusammenarbeit oberste Priorität.

1.3. Rettungsmittel

Rettungsmittel sind Fahrzeuge, in denen Personal und Material transportiert werden können. Einige dienen ferner dem Patiententransport und wenige ermöglichen die Rettung aus einer Gefahrenlage. Auf Sanitätsdiensten oder im Wasserrettungsdienst hat man nicht immer Fahrzeuge zur Verfügung oder man bekommt von der Leitstelle keine Transporterlaubnis und ist somit meistens auf den Regelrettungsdienst angewiesen. Auch ein Rettungshubschrauber kann als Rettungsmittel fungieren, jedoch wird die Eignung genauestens geprüft und die Vorteile gegenüber bodengebundenen Rettungsmitteln abgewogen. Er kann aber auch ähnlich dem NEF(Notarzteinsatzfahrzeug) als Notarztzubringer eingesetzt werden.

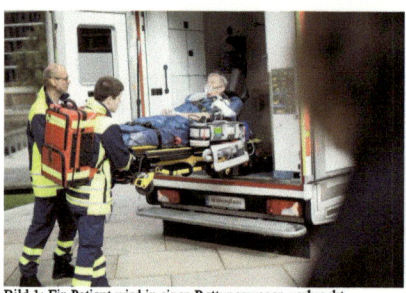
Bild 1: Ein Patient wird in einen Rettungswagen verbracht.

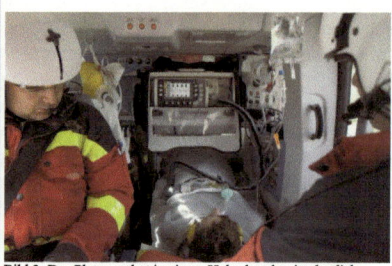
Bild 2: Das Platzangebot in einem Hubschrauber ist deutlich geringer als in einem Rettungswagen.

Bild 3: Ein Rettungsboot der DLRG

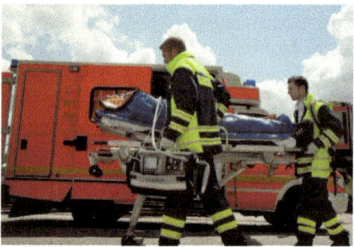
Bild 4: Ein Rettungswagen im Einsatz

Bild 5: Ein Rettungshubschrauber auf der Interschutz 2015

1.4. Rechtliche Grundlagen

Wie überall gibt es auch für den Sanitätshelfer Regeln und Gesetze, an die er sich zu halten hat.
Das Medizinproduktegesetz regelt beispielsweise den Umgang und Einsatz mit medizinischen Geräten. Jeder, der ein Gerät benutzt muss darin eingewiesen sein, was schriftlich zu dokumentieren ist. Diese Einweisung muss von speziell geschultem Personal durchgeführt werden. Außerdem ist ein Gerät vor Inbetriebnahme zu testen und es darf keine Gefahr von ihm ausgehen.

Auch im Strafrecht kann es zu Unsicherheiten kommen. Grundsätzlich gilt, dass niemals gegen den Willen des Patienten gehandelt werden darf. Kann der Patient nicht mehr für sich sprechen ist der Wille zu mutmaßen. Bei Kindern unter 14 Jahren ist von der Einwilligung der Eltern auszugehen.
Ein beliebter Begriff im Rettungsdienst ist auch die Notkompetenz. Dazu ist der folgende Paragraph zu beachten:
§34StGB:Rechtfertigender Notstand
Wer in einer gegenwärtigen, nicht anders abwendbaren Gefahr für Leben, Leib, Freiheit, Ehre, Eigentum oder ein anderes Rechtsgut eine Tat begeht, um eine Gefahr von sich oder einem anderen abzuwenden, handelt nicht rechtswidrig, wenn bei Abwägung der widerstreitenden Interessen, namentlich der betroffenen Rechtsgüter und des Grades der ihnen drohenden Gefahren, das geschützte Interesse das beeinträchtigte wesentlich überwiegt. Dies gilt jedoch nur, soweit die Tat ein angemessenes Mittel ist, die Gefahr abzuwenden.

Unterlassungsdelikte sind gleichgewichtig zu Schaden verursachenden Taten. Das bedeutet, dass in einer Notsituation entsprechend der Qualifikation und der Zumutbarkeit, ebenso wie der zur Verfügung stehenden Mitteln, Hilfe zu leisten ist. Ebenso wie im Rettungsdienst besteht im Sanitätsdienst die Garantenstellung gegenüber dem Patienten. Da das Personal in Dienstkleidung auftritt, wird von der Allgemeinheit Handeln erwartet. Wird keine Hilfeleistung durchgeführt, wird eher von Unterlassungsdelikten gesprochen als bei den zufälligen Zeugen der Situation. Schadensverursachung durch unterlassene Hilfeleistung kann Körperverletzung oder Tötung zur Folge haben.

Der Schweigepflicht unterliegt das gesamte haupt- und ehrenamtliche Personal. Schon während der Ausbildung darf sie nicht gebrochen werden, außer die Einwilligung des Patienten liegt vor, also z.B. er bittet um das Informieren Angehöriger, es liegt eine mutmaßliche Einwilligung vor(bei Bewusstlosigkeit), es liegt eine rechtfertigende Notstandslage vor oder eine gesetzliche Verpflichtung(z.B. nach Infektionsschutzgesetz). Auch gegenüber der Polizei oder dem Gericht kann eine Zeugenaussage abgelehnt werden, um das Vertrauensverhältnis zum Patienten zu wahren.

1.5. Material in Notfallrucksack und Kfz-Verbandkasten

Während Notfallrucksäcke, auch wenn der Inhalt Normen unterliegt, immer unterschiedlich aufgebaut und befüllt sein können(deshalb ist es sinnvoll sich vor Dienstantritt mit dem Material vertraut zu machen), sind die Inhalte von Kfz-Verbandkästen über eine Norm, DIN 13164 bundesweit einheitlich geregelt.

Sie beinhalten Heftpflaster, ein Fertigpflasterset, 4 sterile Verbandpäckchen, 2 Verbandtücher, 2 6cm Wickeln, 3 8cm Wickeln, 6 Wundkompressen, eine Rettungsdecke, 2 feuchte Reinigungstücher, 2 Dreiecktücher, eine Schere, 4 unsterile Einmalhandschuhe und eine Erste-Hilfe-Broschüre.

Sollte man in die Situation kommen als Ersthelfer zu einer Unfallstelle zu kommen, auch wenn man zu Fuß unterwegs ist, sind doch üblicherweise genug Autos in der Nähe die mit diesem Material bestückt sind. Also sind Wundabdeckungen, Immobilisationen und Druckverbände fast immer keimarm möglich und auch der Eigenschutz kann dabei beachtet werden.

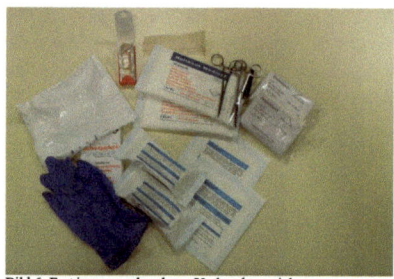

Bild 6: Fast immer vorhandenes Verbandmaterial

Die Ausstattung der Notfallrucksäcke oder –Koffer ist variabel, wobei die Bestückung stark von dem Personal abhängig gemacht wird welches ihn nutzen soll. Beispielsweise ist ein Notfallrucksack einer Hilfsorganisation mit ausgebildeten Sanitätshelfern spärlicher bestückt als der auf dem Rettungswagen im Regelrettungsdienst.

In jedem Rucksack oder Koffer sollten aber zu finden sein:
> unsterile Einmalhandschuhe
> Händedesinfektionsmittel
> Verbandmaterial bestehend aus Verbandpäckchen, Wundkompressen, Wickeln, Pflastern sowohl als Rolle als auch Wundpflaster, Verbandtücher
> Dreiecktücher
> Rettungsdecke
> Schere, Pinzette
> Diagnostikmaterial wie Blutdruckmanschette, Stethoskop, Blutzuckermessgerät, Pulsoxymeter, Pupillenleuchte
> Beatmungsbeutel mit Maske, Guedeltuben, Wendeltuben
> Absaugpumpe mit Einmalkathetern
> Halskrause(wie z.B. Stifnek), Frakturschiene(wie z.B. Samsplint)
> Brechbeutel
> Protokolle und Kugelschreiber

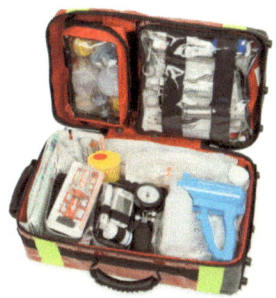 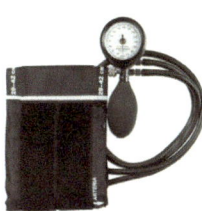 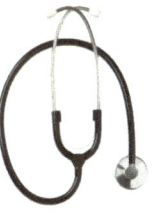

Bild 7: Ein befüllter Notfallrucksack   Bild 8: Eine Blutdruckmanschette   Bild 9: Ein Stethoskop

 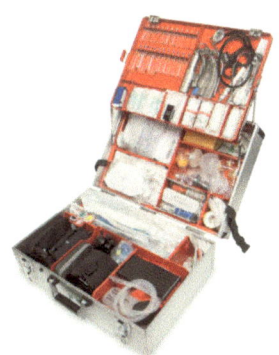

Bild 10: Ein Beatmungsbeutel mit Maske aus Silicon. Die Handhabung muss geübt werden. Daneben liegt ein separat anschließbarer Reservoirbeutel.

Bild 11: Alternativ zum Notfallrucksack kann auch ein Notfallkoffer verwendet werden.

Erweiterbar ist der Inhalt z.B. durch ein Modul „Infusion", könnte für die Vorbereitung für den Rettungsdienst hilfreich sein
> Venenverweilkanülen in verschiedenen Größen
> verschiedene Infusionen
> Infusionsleitungen
> Stauschlauch
> Fixierungspflaster für Venenverweilkanülen
> Spritzen und Kanülen
> Hautdesinfektionsmittel

Und das Modul „Beatmung"
> Endotrachealtuben in verschiedenen Größen
> Laryngoskop, Lichtquelle, Spatel in verschiedenen Größen
> Tubusfixierung
> Spritze zum Blocken(Abdichten) des Tubus
> Führungsstab
> Beißkeil
> Es kann auch ein Larynxtubus geführt werden, der ohne Hilfsmittel vorgeschoben werden kann und somit auch in kritischen Situationen geeignet ist schnell um zuverlässig die Atemwege zu sichern.

Auch Sauerstoff mit Sauerstoffbrillen und Masken mit und ohne Reservoir können mitgeführt werden, jedoch müssen die Sauerstoffflaschen ein gültiges Prüfsiegel haben. Das Material muss regelmäßig auf Verfallsdaten kontrolliert werden!

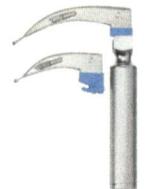
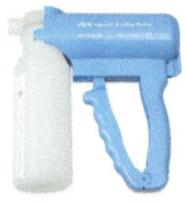
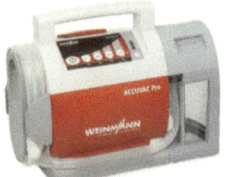

Bild 12: Ein zur Intubation notwendiges Laryngoskop mit Spateln in zwei Größen

Bild 13: Eine Handabsaugpumpe

Bild 14: Eine batteriebetriebene Absaugpumpe

Bild 15: Eine Sauerstoffflasche in einer Transporttasche mit angeschlossenem Beatmungsbeutel

Im Folgenden erkläre ich das Material:

> Verbandmaterial ist steril verpackt, Verbandpäckchen sind wickeln mit integrierter Wundauflage, die anderen Wickeln haben keine Wundauflage und eignen sich z.B. zum Fixieren von Kompressen oder Schienen.
> Verbandtücher eignen sich zum Abdecken großflächiger Wunden
> Dreiecktücher dienen z.B. zum Stilllegen von Armen
> mit Rettungsdecken kann man den Patienten vor Auskühlung oder großer Hitze bewahren
> Mit der Schere kann man Verbandmaterial anpassen oder im Notfall Kleidung entfernen etc.
> Auf das Diagnostikmaterial wird im Kapitel „Vitalzeichen kontrollieren" eingegangen
> Der Beatmungsbeutel, häufig auch als Ambubeutel bezeichnet, ist ein geformter, aber trotzdem weicher Kunststoffbeutel, der zur Beatmung von Patienten dient welche selbst nicht mehr dazu in der Lage sind. Er hat ein Ventil am Patientenfernen Ende, welches bei Druckausübung auf den Beutel die Luft nur zum Patienten strömen lässt. Auf die Handhabung wird im Kapitel „Reanimation"(Kapitel 4, S.30) eingegangen.
> Guedel und Wendeltuben dienen der Freihaltung der Atemwege und verhindern das Zurückrutschen der Zunge bei Bewusstseinseingetrübten Patienten. Der Guedeltubus liegt dabei im Mund und der Wendeltubus wird durch die Nase eingeführt. Es gibt sie in verschiedenen Größen. Häufig wird nur der Guedeltubus in Notfallrucksäcken mitgeführt.

> Halskrause, häufig auch als Stifneck bezeichnet, und Frakturschiene dienen der Immobilisation. Beides kann angepasst werden, die Frakturschiene wird für die Extremitäten verwendet. Beides sind meistens Einmalprodukte.
> Protokolle sollten immer geführt werden. Nur auf dem Protokoll kann nachträglich rekonstruiert werden was durchgeführt wurde und wie der Patientenzustand sich verändert hat.

> Venenverweilkanülen, oder auch Viggo oder PVK(periphere Venenverweilkanüle), sind die Zugänge die vom Arzt oder entsprechend ausgebildetem Rettungsdienstpersonal gelegt werden. Es gibt sie in verschiedenen Größen, was auch an der Farbgebung erkennbar ist. Aufsteigend von gelb-blau-rosa-grün-weiß-grau-orange. Zum Legen der PVK muss die Haut desinfiziert werden und die Vene gestaut, dann wird sie punktiert und schließlich wird sie mit einem speziellem Pflaster fixiert. Wie die Infusion vorbereitet wird, wird im Kapitel „Pharmakologie"(Kapitel 18, S. 69) erläutert.
> Mit dem Endotrachealtubus werden die Atemwege gesichert(das Verlegen der Atemwege durch z.B. das Zurückrutschen der Zunge wird verhindert) und gleichzeitig wird bei Erbrechen verhindert, dass das Erbrochene in die Luftröhre läuft. Zur Intubation(Legen des Beatmungsschlauchs) werden Spatel und Lichtquelle benötigt, welche zusammen das Laryngoskop bilden, sowie der Führungsstab, der den Tubus etwas starrer werden lässt und das Einführen in die Luftröhre erleichtert. Schließlich wird er geblockt(abgedichtet durch einen kleinen Ballon(Cuff) am unteren Ende des Tubus) und der Patient kann dadurch beatmet werden. Damit er nicht verrutscht wird er fixiert, dafür gibt es verschiedene Hilfsmittel. Der Beißkeil verhindert ein zusammendrücken des Tubus z.B. bei einem Krampf.
> Der Larynxtubus kann ohne Hilfsmittel vorgeschoben werden, da er in der Speiseröhre liegt und diese abdichtet. Er ist z.B. bei allergischer Reaktion das Mittel der Wahl, wenn die Atemwege zuzuschwellen zu drohen und eine normale endotracheale Intubation nicht mehr möglich ist.

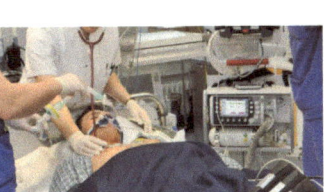
Bild 16: Ein beatmeter Patient bereits nach der Ankunft im Krankenhaus

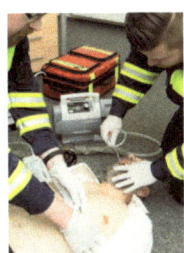
Bild 17: Absaugen in der Praxis

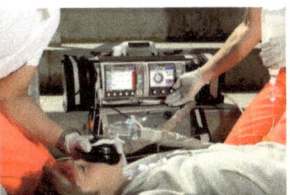
Bild 18: Hier wird ein Patient Maskenbeatmet.

1.6. Notfallnummern

Feuerwehr und Rettungsdienst	112
Polizei	110
Giftnotruf Berlin	030/1 92 40
Zentrum für Brandverletzte Berlin	030/56 81-0
Institut für Nuklearmedizin Berlin	030/84 45-21 71 oder 030/84 45-39 92
Zentrum für hyperbare Sauerstofftherapie und Tauchmedizin im Klinikum Friedrichshain	030/42 21-15 05

2. Ablauf Hilfeleistung
2.1. Rettungskette

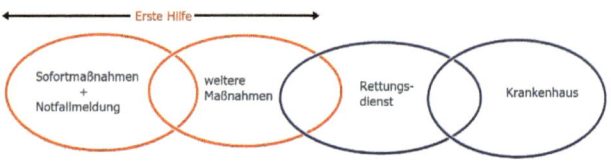

Der Ersthelfer am Notfallort ist automatisch das erste Glied der Rettungskette. Von ihm hängt jetzt ab, ob die ersten Glieder reibungslos ineinander greifen können indem er eine Notfallmeldung absetzt. Natürlich steht bei Notwendigkeit auch das Absichern der Gefahrenstelle im Vordergrund. Nach der Absicherung werden die Sofortmaßnahmen eingeleitet. Die können darin bestehen Blutungen zu stillen oder mit der Reanimation zu beginnen.
Ist das alles passiert, hat er bis zum Eintreffen des Rettungsdienstes noch Zeit für weitere Maßnahmen, z.B. Wundversorgungen, Immobilisation von Knochenbrüchen oder auch um weitere Helfer einzubinden. Bis zum Eintreffen des Rettungsdienstes handelt es sich um erste Hilfe. Diese sollte nach bestem Wissen und Gewissen nach eigenen Fähigkeiten und Fertigkeiten durchgeführt werden. Ist der Rettungsdienst eingetroffen bekommt dieser eine Übergabe, also einen genauen Überblick über die Situation und über die bereits durchgeführten Maßnahmen, und übernimmt den Patienten. Es kann durchaus vorkommen, dass der Sanitätshelfer weiter eingebunden wird bis der Patient transportfähig ist, vor allem, wenn es sich um einen Sanitätsdienst handelt. Deshalb sollte sich jeder Sanitätshelfer einen RTW oder KTW auch einmal genauer von innen anschauen, sollte er die Gelegenheit dazu bekommen.
Der Rettungswagen stellt die Verbindung zum Krankenhaus her und wirkt dementsprechend übergreifend in die klinische Versorgung.

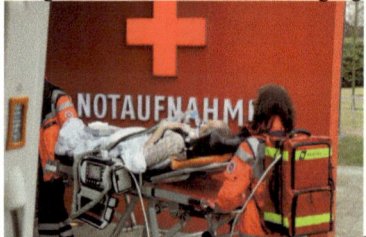
Bild 19: Ankunft im Krankenhaus

Wichtig zu wissen ist, dass jede Rettungskette nur so stark sein kann, wie ihr schwächstes Glied. Also ist eine gelungene erste Hilfe von großer Bedeutung. Dazu zählt auch die psychische Betreuung und die Gesprächsführung mit dem Patienten.
Ebenso die Arbeitsteilung im Team/zwischen den Ersthelfern spielt eine Rolle. Wer in einer Notfallsituation den Erstkontakt zum Patienten hergestellt hat, sollte bis zum Eintreffen des Rettungsdienstes bei dem Patienten bleiben und seine Betreuung übernehmen. Weitere Ersthelfer können Aufgaben wie Absicherung des Notfallorts, Einweisung der Rettungsmittel, Beschaffen von Material oder das Ansprechen dritter Personen(z.B. „Gaffer") übernehmen.
Nach dem Einsatz ist eine gründliche Nachbereitung erforderlich. Besteht die Notwendigkeit einer professionellen Nachbereitung oder psychologischer Hilfestellung, darf nicht gescheut werden solche in Anspruch zu nehmen! Jede Hilfsorganisation hat entsprechende Kontaktmöglichkeiten.

2.2. Erstkontakt zum Patienten

Jeder der den Führerschein schon hat, hat bereits vom Erstkontakt zu einem potentiellen Patienten gehört. Als erstes wird die Gefahrenstelle abgesichert. Als nächstes wird der Patient angesprochen, kommt keine Reaktion, wird ein physischer Reiz, also eine Berührung, gesetzt. Reagiert er auch darauf nicht, wird ein Schmerzreiz gesetzt. Ganz klassisch wird hier das Reiben mit den Fingerknöcheln über das Brustbein gelehrt. Kommt auch darauf keine Reaktion werden Atmung und Puls geprüft, im Zweifel nur die Atmung. Zur Atemkontrolle kniet sich der Ersthelfer neben den Patienten, neigt den Kopf über dessen Mund und Nase und blickt auf seinen Brustkorb und Bauch. Nun kann man feststellen ob a) warme Luft aus Mund und Nase kommt und b) sich der Brustkorb atemsynchron hebt und senkt. Alternativ könnte ein Taschenspiegel über Mund und Nase gehalten werden, da dieser durch Beschlagen Ausatemluft anzeigt.
Atmet der Patient, kommt die stabile Seitenlage zum Einsatz. Atmet er nicht, wird mit der Reanimation begonnen.

Bild 20: Eine Rettungsschwimmerin auf dem Weg zu einem potentiellen Patienten. Nach Sichtung zählt jede Sekunde, egal ob im Wasser oder an Land.

Außerdem wird der Patient einem Bodycheck unterzogen. Darunter versteht man das vollständige Abtasten und komplette Begutachten der Person auf weitere Verletzungen, um nichts zu übersehen.
Beginnend am Kopf wird abgetastet, den gesamten Brustkorb und Bauchraum, das Becken und hinunterführend die Beine. Dabei werden auch die Gelenke auf Beweglichkeit geprüft. Anschließend werden die Arme abgetastet. Es ist in alle Körperöffnungen zu sehen, wenn möglich mit einer Leuchte. Auch die Pupillen sind zu kontrollieren und je nach Ausbildungsstand können Lunge, Herz und Bauchorgane abgehört werden.

Es gibt aber noch weitere Schemata, die sich im Rettungsdienst etabliert haben. Meistens handelt es sich dabei um Buchstabenfolgen die man sich leicht merken kann, bei denen jeder Buchstabe eine Bedeutung hat. So kann man sicherstellen, dass nichts vergessen wird und bei genügend Training und Erfahrung kann man eine gewisse Routine in Einsatzabläufe bekommen.

Grundlagen:

ABCDE Schema

A-Airway	Sind die Atemwege des Patienten frei?
B-Breathing	Atmet der Patient? Wenn ja, wie ist die Atmung? Besteht ein Problem?
C-Circulation	Funktioniert das Herz-Kreislauf-System oder beteht ein Problem?
D-Disability	Wie ist die Vigilanz(Ansprechbar)? Sind die Pupillen lichtreagibel? Hier kann die GCS zur Hilfe genommen werden(s.u.)
E- Environment	Bestehen sonstige Verletzungen? Bodycheck!

SSSS-Schema

Scene	Beurteilung der Einsatzstelle und der Patientenzahl
Safety	Fremd- und Eigengefährdung
Situation	Beurteilung vom Verletzungsmechanismus
Support	Nachforderungen von der Leitstelle

BASICS

Beruhigen
Atmung optimieren
Stabiler Blutdruck
Immobilisation/ Lagerung
Check-up/ Basismonitoring
Schutz vor äußeren Einflüssen

Bewusstsein des Patienten ermitteln:

FAST-Schema

Face(faziale Parese/ Gesichtslähmung)
Arms(Armhalteversuch)
Speech(Sprache testen)
Time(Time is brain)

Durch dieses Schema lässt sich ganz einfach ein Verschluss in einem Hirngefäß, also ein Schlaganfall feststellen! Besteht der Verdacht ist schnellstens zu handeln.

Glasgow-Coma-Scale

Bei einem Notfallpatienten lässt sich durch die GCS der Bewusstseinszustand ermitteln. Ein Patient kann mindestens 3 Punkte erreichen und maximal 15 Punkte. Die Skala ist auf den Protokollen abgedruckt.

Augenöffnen	Spontan	4
	Auf Aufforderung	3
	Auf Schmerzreiz	2
	Keine	1
Verbale Reaktion	Orientiert	5
	Desorientiert	4
	Inadäquat	3
	Unverständlich	2
	Keine	1
Motorische Reaktion	gezielt auf Aufforderung	6
	Beugesynergismen	5
	Strecksynergismen	4
	Ungezielt auf Schmerzreiz	3
	Gezielt auf Schmerzreiz	2
	Keine	1

Schmerzen erfassen:

OPQRST

Onset- wann haben die Schmerzen begonnen?
Palliation- was hat die Schmerzen gelindert? Oder Provocation- was hat sie ausgelöst?
Quality- welche Art von Schmerzen liegt vor?
Radiation- wohin strahlen sie aus?
Severity- wie stark sind die Schmerzen(Zur Hilfe die NRS benutzen)?
Time- wie stellt sich der zeitliche Verlauf dar?

NRS- Numerische Rating Skala

1-10, 1 bedeutet gar keine Schmerzen bis 10 aufsteigend die stärksten vorstellbaren Schmerzen

Untersuchungen durchführen:

IPAP-Schema

Inspektion	Betrachtung des Patienten
Palpation	Abtasten der Körperregionen
Auskultation	Abhören von Körperregionen
Perkussion	Abklopfen von Körperregionen

SAMPLER+S

Symptome
Allergien
Medikation
Patientengeschichte/ Vorerkrankungen
Letzte Mahlzeit
Ereignis, welches zu Symptomen geführt hat
Risikofaktoren
+bei Patientinnen in gebärfähigem Alter
Schwangerschaft

Extremitäten/ Verletzungen:

PECH-Regel

Pause(Ruhigstellung)
Eis(Kühlung)
Compressionsverband
Hochlagerung

DMS-Kontrolle

Durchblutung   Kontrolle der Durchblutung über Pulse und Körperwärme
Motorik   Kontrolle der kontrollierten Beweglichkeit
Sensorik/ Sensibilität Kontrolle über das Gefühl

2.3. Übergabe an später eintreffendes Personal

Die Übergabe eines Patienten ist ein wichtiges Instrument die Kontinuität in der Behandlung sicherzustellen. Die später eintreffenden Kollegen müssen auf den aktuellsten Stand gebracht werden was den Notfallhergang betrifft, die Symptome des Patienten und welche Maßnahmen schon ergriffen wurden. Die Übergabe kann entweder direkt am Patienten erfolgen oder patientenfern. Hier sind auch vorhandene Dokumente des Patienten zu Übergeben sowie die ermittelten Daten.

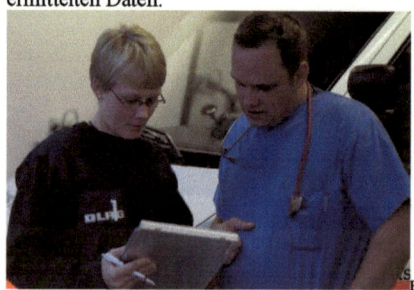
Bild 21: Die Übergabe ist ein wichtiges Instrument.

2.4. Grundlagen Wundabdeckung

Dem Sanitätshelfer A und B werden auf Sanitätsdiensten oder im Wasserrettungsdienst verschiedene Wunden und Verletzungen begegnen auf die ich im späteren Verlauf weiter eingehe. Wichtig ist, dass sich im Vorfeld mit dem vorhandenem Material vertraut gemacht wird und somit ein schnelles und korrektes Handeln möglich wird.

Wunden können verschiedener Natur sein. Es kann sich um Kratz-, Beiß-, Schürf-, Ablederungs-, Amputations-, Schnitt-, Schuss- oder Stichverletzungen sowie thermische Schäden handeln. Zu den Aufgaben eines Sanitätshelfers gehören nicht Fremdkörper aus einer Wunde zu entfernen oder sie mit einer Lösung zu reinigen. Seine Aufgabe ist es, eine Blutung zu stillen und eine Wunde keimfrei abzudecken. Steckt ein Fremdkörper im Patienten, wird dieser fixiert um ein mögliches Verrutschen zu verhindern. Ein Fremdkörper darf keinesfalls entfernt werden, da er sonst möglicherweise ein verletztes Blutgefäß freilegt und eine Blutung einsetzt.

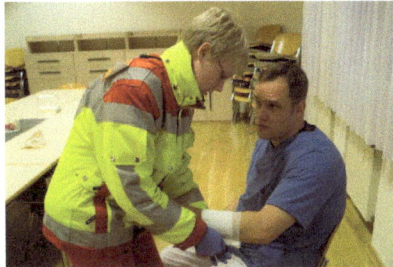
Bild 22: Wundabdeckung mit Kompresse und Verbandpäckchen

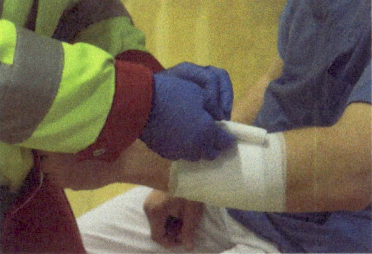
Bild 23: Die Wickel wird locker abgewickelt.

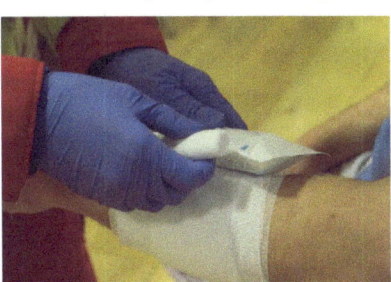
Bild 24: Mit Hilfe eines zweiten Verbandpäckchens wird aus der Wundabdeckung ein Druckverband

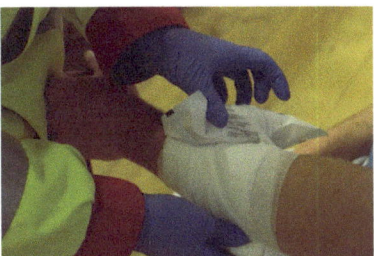
Bild 25: Durch Eindrehen des Verbandpäckchens wird der Druck weiter erhöht

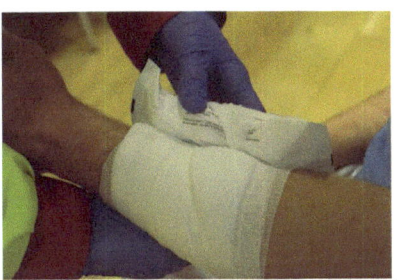
Bild 26: Nur noch stabil umwickeln und fertig ist der Druckverband

2.5. Immobilisation und Lagerungen

Für Lagerungen gilt grundsätzlich: es ist alles erlaubt was physiologisch machbar und für den Patienten angenehm ist. Natürlich sind bei medizinischer Notwendigkeit bestimmte Lagerungen erforderlich.

Stabile Seitenlage

Die stabile Seitenlage ist leicht zu merken und von jedermann mit jedem Patienten durchzuführen. Angenommen der Patient liegt auf dem Rücken, ist ein Arm abzuspreizen und der andere wird auf die andere Seite geführt, sodass der Handrücken an der Wange an der gegenüberliegenden Wange anliegt. Auf derselben Seite wird das Bein aufgestellt und über Hebelwirkung wird der Patient durch Druck auf das Knie auf die Seite gedreht. Der Kopf muss nun überstreckt werden, damit die Atemwege frei bleiben. Nun ist der Kopf der niedrigste und das Becken der höchste Punkt.
Die stabile Seitenlage muss geübt werden, damit sie im Notfall sitzt.
Wird sie bei einem Patienten angewendet der eine Verletzung an der Lunge oder dem knöchernen Thorax erlitten hat, wird er auf die betroffene Seite gelagert. Dann kann sich die gesunde Lungenhälfte weiterhin frei entfalten.

Bild 27a: Für die stabile Seitenlage (kurz SSL) wird ein Arm im rechten Winkel abgespreizt

Bild 27b: anschließend wird der andere Arm des Patienten auf die andere Seite geführt und das Bein derselben Seite Aufgestellt

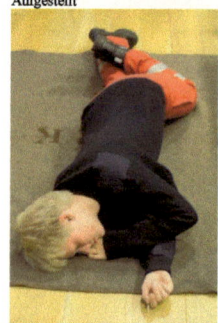

Bild 27c&d: Durch Ausübung eines Drucks Bild an das aufgestellte Bein kann über die erzeugte Hebelwirkung der Körper des Bewusstlosen mit wenig Kraftaufwand auf die Seite gedreht werden. Nun sollte darauf geachtet werden, dass das Becken der höchste und der Kopf der niedrigste Punkt ist. Der Kopf muss überstreckt sein und der Handrücken sich unter der Mundöffnung befinden, damit Erbrochenes ablaufen kann.

Herzbettlage

Alle Krankheitsbilder, bei denen eine Belastung des Herzens besteht oder welche eine Entlastung des Herzens erfordern, erfordern die sogenannte Herzbettlage. Leicht durchzuführen und meist gut von Patienten angenommen wird der Patient in eine aufrecht sitzende Position gebracht.

Schocklagerung

Bei einem Verdacht auf einen Schock, beginnend durch Blutdruckabfall und einen Anstieg der Herzfrequenz bis hin zur Bewusstlosigkeit, ist entgegen bei einem kardialen Problem(Problem mit dem Herzen) die entgegengesetzte Lagerung erforderlich. Mit dem Ziel den Blutdruck zu stabilisieren und den Kreislauf aufrecht zu erhalten muss hier der Oberköper tief und die Beine hoch gelagert werden. Sind keine Hilfsmittel vorhanden, liegt der Patient zur Not auf dem Boden und ein Helfer hält die Beine hoch(ca. einen Meter vom Boden) oder sie werden auf den Notfallrucksack gelagert.

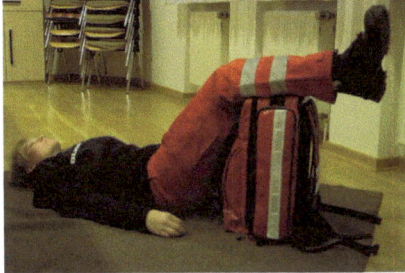

Bild 28: Die Schocklagerung mit Hilfe des Notfallrucksacks

Kutschersitz

Bei Atemnot kann der Kutschersitz für Erleichterung sorgen. Dabei sitzt der Patient verkehrt herum auf einem Stuhl, die Arme auf die Lehne abgestützt. Dies aktiviert die Atemhilfsmuskulatur. Zusätzlich dazu kann die Lippenbremse angewandt werden, dazu sagt man dem Patient er soll ausatmen, als puste er eine Kerze aus. Das verlängert die Ausatemphase und lindert ebenfalls die Atemnot.

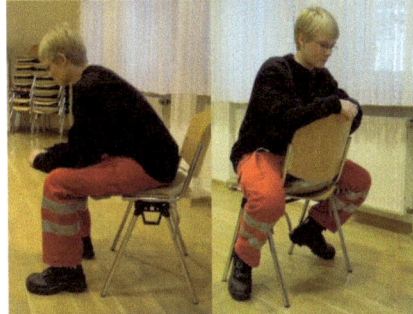

Bilder 29&30: Varianten des Kutschersitzes

Bauchdeckenentlastende Lagerung

Bei Problemen im Bauchraum ist eine bauchdeckenentlastende Lagerung oder Embryonalstellung indiziert. Bei der bauchdeckenentlastenden Lagerung liegt der Patient auf dem Rücken und bekommt die Knie etwas angewinkelt durch eine zusammengerollte Decke oder ähnlichem, sowie der Oberkörper wird leicht erhöht gelagert um die Spannung aus dem Bauchraum zu nehmen.
Bei der Embryonalstellung verhält es sich ähnlich, nur liegt der Patient hierbei auf der Seite und „rollt sich ein", ähnlich dem Embryo im Mutterleib. Auch hierbei wird die Bauchdecke entlastet.

Bild 31: Bauchdeckenentlastende Lagerung mit Hilfe von Decken unter Kopf und Kniekehlen. Die jeweilige Höhe kann je nach Toleranz des Patienten variiert werden.

Immobilisation

Unter Immobilisation versteht sich die Ruhigstellung eines Körperteils oder eines ganzen Patienten. Für die Halswirbelsäule ist jeder Notfallrucksack oder Koffer mit Halskrausen bestückt. Die Handhabung mit dieser muss vorher geübt werden. Kommt sie zur Anwendung, wird sie erst im Krankenhaus nach mindestens einer Röntgenuntersuchung wieder abgelegt. Die Halskrausen sind verstellbar und müssen an den Träger angepasst werden.

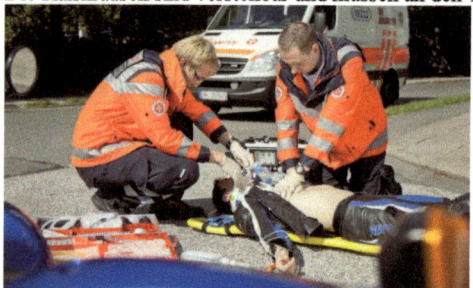

Bild 32: Der Patient hatte offensichtlich einen Motorradunfall und ist vital bedroht(er befindet sich in akuter Lebensgefahr). Er trägt bereits eine Halskrause.

Für die Extremitäten gibt es verschiedene Arten formbarer Schienen, die angepasst und mit Hilfe einer Mullbinde angewickelt werden können. Auch hier sollte die Handhabung vorher geübt werden. Befindet sich die Extremität in einer unnatürlichen Haltung wird sie auch so geschient. Es obliegt nicht dem Sanitätshelfer, Fehlhaltungen zu korrigieren.
Meistens wird Immobilisation von Extremitäten bei Verdacht auf Knochenbrüchen erforderlich.

Unsichere Zeichen einer Fraktur sind Schmerzen, Schwellung, Rötung, Erwärmung und eingeschränkte Beweglichkeit. Sichere Zeichen sind abnorme Beweglichkeit, sichtbare Knochenfragmente, Krepitation(knirschgeräusch aufeinander reibender Knochen) und Stufenbildung.

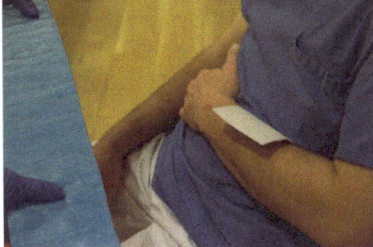
Bild 33a: Vorbereitung für die Immobilisation, die Wunde Ist abgedeckt.

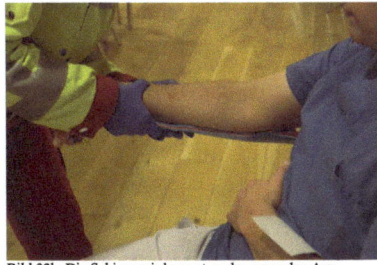
Bild 33b: Die Schiene wird zuerst an den gesunden Arm angepasst, um den verletzten zu schonen

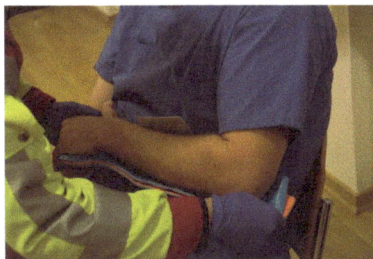
Bild 33c: Die angepasste Schiene wird an den verletzten Arm angelegt.

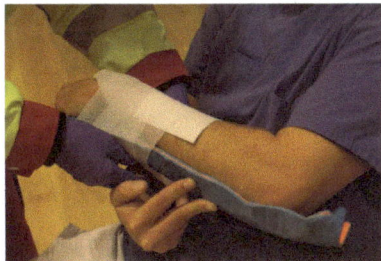
Bild 33d: Mit Hilfe einer Wickel wird der Arm an die Schiene fixiert

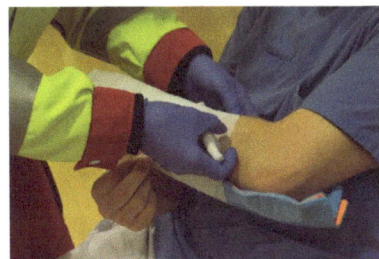
Bild 33e: Der Patient unterstützt den Verletzten Arm mit dem gesunden

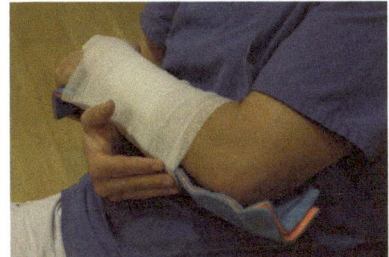
Bild 33f: Nun ist der Arm zwar in der Schiene fixiert, jedoch immer noch zu beweglich. Es müssen immer beide betroffene Gelenke mit eingebunden werden.

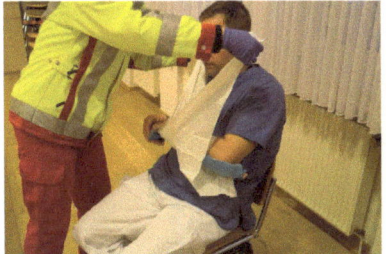
Bild 33g: Ein Dreiecktuch ist zur weiteren Immobilisation

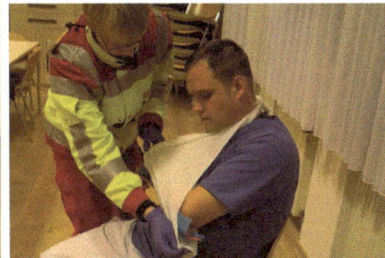
Bild 33h: Korrektur der Lage notwendig.

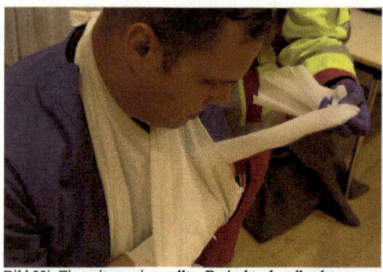
Bild 33i: Ein weiteres eingerolltes Dreiecktuch vollendet die Schienung, indem man nun den Arm an den Körper fixiert.

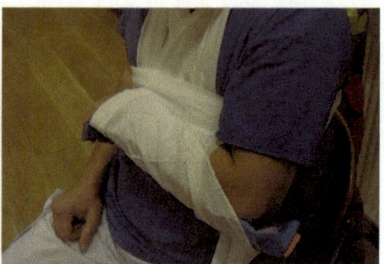
Bild 33j: So sollte die fertige Schienung aussehen.

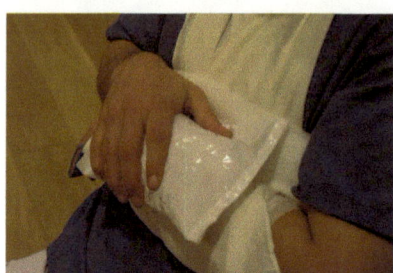
Bild 33k: Nun kann der verletzte Arm gekühlt werden.

Wird eine Verletzung der Wirbelsäule vermutet, ist der Patient möglichst nicht mehr zu bewegen. Muss er bei Verlust des Bewusstseins dennoch in die stabile Seitenlage gebracht werden, werden mindestens drei Helfer benötigt, um den Patienten Achsengerecht zu drehen und die Wirbelsäule möglichst nicht zu bewegen. Ist ein Organisationseigenes Fahrzeug vor Ort besteht die Möglichkeit, dass es mit einer Vakuummatratze bestückt ist. Der Patient kann dann umgelagert werden, wobei er auch hier nur achsengerecht bewegt wird und möglichst viele Helfer in Anspruch genommen werden. Mit Hilfe einer Absaugung wird anschließend ein Vakuum erzeugt, wodurch die Matratze an den Patienten anmodelliert werden kann und keine Bewegung zulässt. Dadurch können Folgeverletzungen oder Komplikationen eingedämmt werden. Bei der Umlagerung auf die Patiententrage wird die Matratze mit angeschnallt und ebenso wie die Halskrause wird auch diese erst nach bildgebender Diagnostik(Röntgen, Computertomographie) im Krankenhaus entfernt.

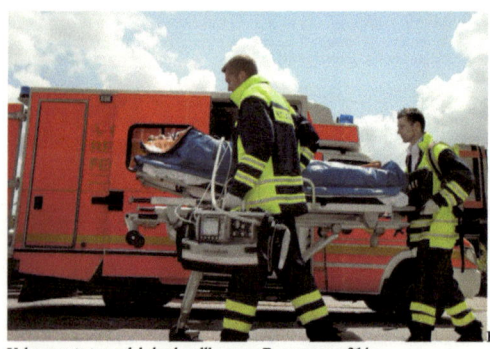
Bild 34: Dieser Patient befindet sich in einer Vakuummatratze und dadurch vollkommen Bewegungsunfähig.

Helmabnahme

Kommt man in die Situation einen verunglückten Kraftradfahrer vorzufinden, ist eine Helmabnahme durchzuführen. Möglichst mit zwei Helfern, von denen einer mit beiden Händen die Halswirbelsäule stützt bis seine Hände durch eine Halskrause ersetzt werden können. Der zweite Helfer öffnet den Verschluss, dehnt den Helm und nimmt ihn vorsichtig nach Hinten ab. Auch dieses ist zu üben.

Rautekgriff

Ist ein Patient aus einer Gefahrenzone zu retten, wird der Rautekgriff angewandt. Der auf dem Rücken liegende Patient wird aufgerichtet, der Retter führt seine Arme unter den Achseln nach vorne, greift einen der Arme mit beiden Händen und hält ihn, alle Finger greifen von vorne um den Arm. So kann der Patient rückwärtsgehenderweise aus der Gefahrenzone gerettet werden.

3. Grundlagen Hygiene und Eigenschutz
3.1. Persönliche Schutzausrüstung

Die persönliche Schutzausrüstung(PSA) beschreibt die Bekleidung, die angemessen an die Jahreszeit vor Nässe, Kälte und mechanischer Einwirkung schützen soll. Dabei ist zu beachten, dass die DIN Normen(Wetterfestigkeit, Warnwirkung, zugelassene Farben, Sicherheitsschuhe, Infektionsschutz, Feuerwehr- oder Industrieschutzhelm) eingehalten werden, die Kleidung passt und mit Desinfektionsmittel, separat von privater Kleidung, bei Verschmutzung oder spätestens nach Dienstende gereinigt wird. Die gut passende Kleidung sorgt nebenbei auch für professionelles Auftreten durch einheitliches Auftreten. Leider sind immer noch Kleidungsstücke auf dem Markt, die den Anforderungen nicht entsprechen und man somit im fließenden Straßenverkehr noch eine geprüfte Warnweste darüber tragen muss.

Die Schuhe müssen eine durchtrittsichere Sohle sowie eine Schutzkappe aufweisen, Jacke und Hose müssen eine Warnwirkung aufweisen, was im Ernstfall überlebenswichtig werden kann.

Grundsätzlich ist es nicht erlaubt, Einsatzkleidung außerhalb der Dienstzeiten zu tragen.

 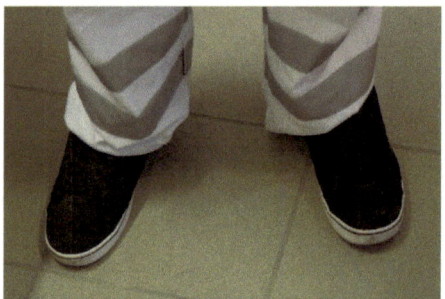

Bild 35: Hier wird eine vollständige PSA getragen sowie Helm und Einmalhandschuhe.

Bild 36: Ein Negativbeispiel für unvollständige Ausrüstung. Diese Schuhe sind nicht zugelassen!

3.2. Qualifikationsabzeichen und Namensschilder

Jede Organisation hat entsprechende Kennzeichnungen auf der Kleidung sowie die Möglichkeit, Qualifikationsabzeichen und Namensschilder anzubringen. Diese sind wichtig, damit später eintreffendes Personal zuordnen kann wer Ansprechpartner ist und welche Maßnahmen beispielsweise durchgeführt werden konnten.

Außerdem erkennt der Patient kompetentes Personal und wendet sich vertrauensvoll an dieses. Auch wenn nicht allen Patienten die Strukturen und die Rangfolge der Qualifikationen geläufig sind.

3.3. spezielle Schutzausrüstung

Als spezielle Schutzausrüstung gilt solche, die nicht dauerhaft getragen werden muss. Dazu gehören der Helm, Einmalhandschuhe und Feuerwehr oder Arbeitshandschuhe. Der Helm muss einen Kinnriemen, einen Nacken- und einen Gesichtsschutz aufweisen. Die Einmalhandschuhe dienen dem Infektionsschutz beim Kontakt mit Körperflüssigkeiten und die Feuerwehr- oder Arbeitshandschuhe schützen vor mechanischer Einwirkung.

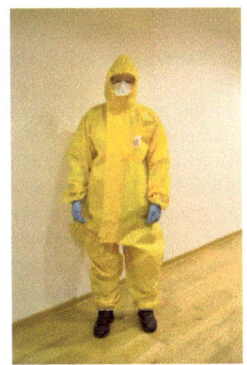

Bild 37: Schutzkleidung für spezielle Infektionskrankheiten. Hier fehlen jedoch die Überzieher für die Schuhe.

3.4. Hygiene

Die Hygiene ist ein notwendiges Thema im Gesundheitswesen. Um Hygienemaßnahmen zu verstehen muss man sich die Übertragungswege von Krankheitserregern in Erinnerung rufen. Daher wird Hautschutz groß geschrieben, denn eine intakte Haut ohne Eintrittspforten ist fast der perfekte Schutz.
Vor jedem Patientenkontakt ist eine Händedesinfektion erforderlich. Mit etwa drei Millilitern(die Menge, die in die Handinnenfläche passt) Desinfektionsmittel werden die Hände mindestens 30 Sekunden benetzt und feucht gehalten, das Desinfektionsmittel wird verrieben bis es vollständig getrocknet ist. Dann können Einmalhandschuhe angezogen werden.
Behandelt man einen Patienten mit dem Verdacht auf eine ansteckende Erkrankung, hat man die Möglichkeit sich zusätzlich mit einem Schutzkittel, einer Kopfhaube und Mund- und Nasenschutz schützen. Dieses Material wird beim Verlassen des Patientenbereichs ausgezogen und es werden sich die Hände desinfiziert.
Das Material was am Patienten verwendet wurde, wird nach jedem Patienten mit Flächendesinfektionsmittel behandelt, ebenso die Trage, falls eine vorhanden ist. Nach Dienstschluss wird ebenfalls das gesamte Material aufbereitet. Dienstkleidung wird möglichst vor dem Einsteigen in das private Fahrzeug umgezogen und separat von privater Kleidung desinfizierend gewaschen, wahlweise von einer Reinigung.

Bild 38: Händedesinfektionsmittel in verschiedenen Packungsgrößen.

4. Reanimation
4.1. Cardiopulmonale Reanimation

CPR ist die unter Fachpersonal gängige Abkürzung für eine cardiopulmonale Reanimation. Sie wird bei einem Herz-Kreislauf-Stillstand erforderlich!

Durchführung: Der Patient wird in Rückenlage gebracht, der Kopf wird überstreckt damit die Zunge die Atemwege nicht verlegt und Fremdkörper müssen aus dem Mund entfernt werden. Gedrückt wird in der Mitte des Brustkorbs (~zwischen den Brustwarzen) mit beiden aufeinanderliegenden Händen und durchgedrückten Armen aus dem Oberkörper heraus.
- 100 Schläge pro Minute („Highway to hell" oder „Stayin` alive" sind im passenden Rhythmus)
- ca.5cm tief
- 30x

Bei der 2 Helfer Methode wird ab 20 laut gezählt, damit der zweite Helfer sich auf die Beatmung vorbereiten kann.
- 2 Beatmungen(selbst 2x tief einatmen für das richtige Tempo)
- Nach Möglichkeit mit Beatmungsbeutel, dieser wird etwa zu 1/3 bis ½ eingedrückt

Für die Beatmung mit dem Beatmungsbeutel kniet oder steht ein Helfer am Kopf des Patienten. Als Rechtshänder umschließt er mit der linken Hand fest mit Daumen, Zeige- und Mittelfinger die Maske und drückt sie auf Mund und Nase des Patienten, mit Ringfinger und dem kleinen Finger zieht er den Unterkiefer des Patienten hoch, überstreckt so den Kopf und gewährleistet eine größtmögliche Dichte der Maske. Mit der rechten Hand wird die Beatmung durchgeführt. Kniet der Helfer, kann der Beutel auf den Oberschenkel gedrückt werden.

Nach 2 Minuten Reanimation wird gewechselt, da sie sonst nicht mehr effektiv ist (das entspricht einem Zyklus). Die Zeit, in der nicht gedrückt wird, ist möglichst gering zu halten.

Das primäre Ziel einer präklinischen Reanimation ist nicht den Patienten wieder wach zu bekommen, sondern vorerst die Sauerstoffversorgung des Gehirns und der anderen Organe aufrecht zu erhalten, um Folgeschäden zu minimieren!

Achtung: Bei Kindern und Ertrinkungsunfällen initial 5 Beatmungen, anschließend den bekannten Zyklus.

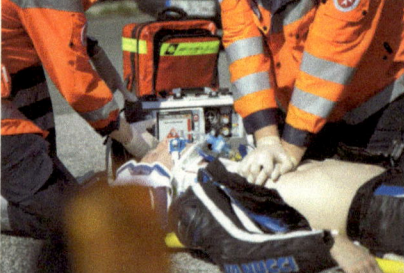

Bild 39: Eine laufende Reanimation, der Defibrillator empfiehlt nach der Analyse des Herzrhythmus einen Schock

Auffinden einer leblosen Person
▼
Erstkontakt herstellen
> Absprechbar?
> Reaktion auf körperlichen Reiz?
> Atem- und Pulskontrolle
> Notruf absetzen
> AED holen (lassen)
▼
Atmung vorhanden
-> stabile Seitenlage
-> Vitalzeichenkontrolle

keine Atmung vorhanden
Reanimation beginnen!

30:2
Herzdruckmassage in der Mitte
des Brustkorbs
100/Minute Drucktiefe 5cm

Beatmung
Kopf überstrecken
Erfolgskontrolle
-> hebt sich der Brustkorb?
    AED vorhanden?
    Einschalten!
    Anweisungen befolgen!

Schema 2: Einleiten der Reanimation

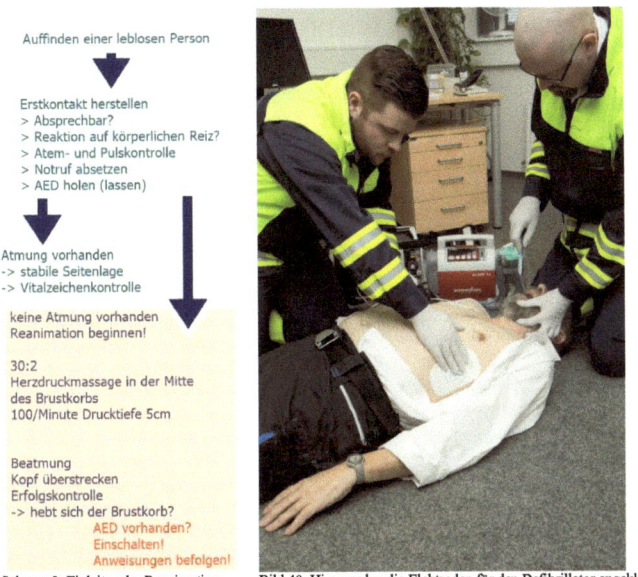

Bild 40: Hier werden die Elektroden für den Defibrillator angeklebt.

4.2. Benutzung von automatisierten externen Defibrillatoren(AED)

Ein AED ist ein automatischer, externer Defibrillator, der mittlerweile schon häufig auf öffentlichen Plätzen zugänglich ist. Erkennbar ist dies an einem gut erkennbar aufgehängtem Schild, auf dem ein Herz mit Blitz und ein Kreuz auf grünem Hintergrund zu sehen sind. Die Geräte sind in teilweise alarmgesicherten Wandschränken, deshalb nicht erschrecken wenn man ihn im Notfall benötigt und der Alarm losgeht. In dem Fall wird man die Aufmerksamkeit auf sich ziehen und kann das gleich ausnutzen, um sich von Passanten helfen zu lassen. Dazu müssen die Leute jedoch gezielt angesprochen werden.

Das Gerät ist selbsterklärend, damit auch medizinische Laien sich nicht scheuen es zu nutzen.
➢ einschalten
➢ das Gerät wird anfangen mit einem zu sprechen
➢ Elektroden aufkleben, dazu muss der Oberkörper frei sein, die Elektroden sind gekennzeichnet wo sie aufzukleben sind (rechts oben und links etwas seitlich)
➢ es gibt Geräte, die Rückmeldung über die Drucktiefe geben
➢ das Gerät wird den Zyklus ansagen und alle 2Min. eine Pause veranlassen um den Herzrhythmus analysieren zu können
➢ es sagt, ob ein Schock empfohlen ist oder weiter gedrückt werden soll
➢ bei „Schock empfohlen" gibt es an welche Knöpfe gedrückt werden müssen
➢ **Patient nicht berühren!** (Auch das sagt es aber)
➢ Der Schock muss manuell ausgelöst werden
➢ Ist kein Schock empfohlen schockt es nicht! Es schockt niemals von allein! Also keine Angst davor haben selbst auch einen Schock zu bekommen
➢ Den Anweisungen folgen bis der Rettungsdienst eintrifft.

5. Vitalzeichen kontrollieren
5.1. Richtwerte bei Erwachsenen

- *Hautfarbe*: rosig
- pathologisch wären Blässe, Zyanose(Blaufärbung) und Ikterus(Gelbfärbung)

- *Atmung*(AF): Normfrequenz 13-15AZ/Min
- pathologisch sind Hyperventilation(>30AZ/Min, zu große CO_2 Abatmung)
- Schnappatmung
- Dyspnoe(Luftnot)
- Apnoe(Atemstillstand)
- Tachypnoe(zu schnelle Atmung)
- Orthopnoe(Patient bekommt nur in aufrechtem Zustand Luft)

- *Herzfrequenz*(HF): in Ruhe 60-80 Schläge/Minute
- Bradykardie(<50 Schläge/Minute)
- Tachykardie(>100 Schläge/Minute)
- Asystolie(Herzstillstand)
- Arrhythmie(Unregelmäßigkeit)

- *Temperatur*: 37°C
- Fieber ab 38°C
- Ab 41,5°C Lebensgefahr(Denaturierung der Eiweiße im Körper)
- Unter 35°C Unterkühlung, bei weiterer Unterkühlung Erlöschung von Schutzreflexen und Atmung, Kammerflimmern

- *Blutdruck*(RR): 120/80mmHg Normalwert
- ab dauerhaft >140/90mmHg Hypertonie(Bluthochdruck)
- Hypotonie(zu niedriger Blutdruck) bei <100/60mmHg
- Hypertensive Krise(Lebensgefahr) ab 220/120mmHg

- *Blutzucker*(BZ): nüchtern 80-120mg/dl
- Hypoglykämie(Unterzuckerung) bei <60mg/dl
- Hyperglykämie(Überzuckerung) ab >180mg/dl

- *Sauerstoffsättigung*(SpO2): 96-100%
- Vorsichtig mit O2-Gabe! Über Nasenbrille bis 4l, über Maske ab 4l und über Maske mit Reservoir ab 8l, erst das Reservoir füllen

5.2. Hilfsmittel zur Vitalzeichenkontrolle

Mit vielen Hilfsmitteln kann man viele Werte bestimmen, aber auch mit wenig Material kommt man schon sehr weit.

Beim **Ansehen** des Patienten können bereits Rückschlüsse über die Hautfarbe(Sauerstoffsättigung), die Körperhaltung und die Atmung gezogen werden.
Dann gebe ich ihm die Hand und **fühle** einen Hinweis auf den Allgemeinzustand(wie fest ist der Händedruck), fühle die Temperatur und ob die Haut trocken oder möglicherweise kaltschweißig ist.
Dann **spreche** ich ihn an und kann im Gespräch ebenfalls Hinweise auf seinen Zustand bekommen.

Den Puls kann ich ebenfalls immer messen. Zumindest für die Stärke und die Regelmäßigkeit benötigt man keine Hilfsmittel. Ist der Puls peripher messbar ist auch der Blutdruck systolisch mindestens bei 60mmHg(Millimeter Quecksilbersäule, die Einheit für den Blutdruck). Ansonsten benötige ich dafür eine **Uhr mit Sekundenzeiger** oder eine **Stoppuhr**.
Ist man in der Öffentlichkeit unterwegs könnte man auch ein **Blutzuckermessgerät** zur Verfügung haben, sofern der Patient oder ein Passant bekannter Diabetiker ist.

Auf einem Sanitätsdienst hat man dann deutlich mehr Material zur Verfügung, für den Blutdruck die **Blutdruckmanschette** mit **Stethoskop**, wobei man bei lauter Umgebung auch auf letzteres verzichten und dann nur den systolischen Wert ermitteln kann. Die Sauerstoffsättigung und die Herzfrequenz können kontinuierlich mit dem **Pulsoxymeter** überwacht werden. Auch hier hat man ein **BZ-Messgerät** und auch ein **Fieberthermometer** sollte vorhanden sein.

Auch wenn sämtliche Hilfsmittel zur Verfügung stehen sollten alle Sinne zur Patientenbeurteilung und Patientenbeobachtung eingesetzt werden!

5.3. Durchführung der Vitalzeichenmessung

- **Herzfrequenz**: Puls am Handgelenk, am Hals, in der Leiste oder Ellenbeuge ertasten, Stoppuhr starten, 15 sek. Zählen(bei 0 angefangen) und mit vier multiplizieren. Bei Rhythmusstörungen 60sek. durchzählen.
- **Atmung**: Ort der Pulsmessung weiter festhalten, da der Patient sonst auf die Atmung achten würde, Atemzüge zählen, 60 Sekunden durchzählen
- **Blutdruck**: Manschette am Oberarm anlegen(sie sollte 1/3 des Oberarms bedecken), auf die Kennzeichnung für die Arterie achten, aufpumpen(der Arm des Patienten sollte möglichst gerade und abgelegt sein) Stethoskop in der Ellenbeuge anlegen, langsam Luft ablassen und auf die Korotkovtöne achten. Der erste ist der systolische und letzte der diastolische Wert. Hat man kein Stethoskop zur Verfügung oder ist die Umgebung zu laut kann man stattdessen am Handgelenk nach dem Puls tasten. An dem abgelesenem Wert auf dem Manometer ab dem der Puls wieder tastbar ist, ist der systolische Wert ermittelt. Den diastolischen kann man mit dieser Methode nicht ermitteln.
- **Blutzucker**: Ein Messstick wird in das Gerät eingeführt, dadurch geht es automatisch an. Man sucht sich einen Finger des Patienten aus(möglichst nicht Daumen und Zeigefinger). Seitlich wird in den Finger gestochen, der erste Tropfen wird abgewischt(der Wert könnte durch sonstige Rückstände verfälscht sein), der zweite Tropfen wird mit dem Gerät aufgenommen, welches nach kurzer Analyse den Wert ermittelt.
- **Sauerstoffsättigung**: Das Pulsoxymeter wird eingeschaltet und dem Patienten auf einen Finger gesetzt. Nun werden Sauerstoffsättigung(SpO2) und Herzfrequenz kontinuierlich gemessen. Nagellack oder kalte Finger können die Messung verfälschen, andere Messorte wären Ohrläppchen oder Nasenflügel.
- **Temperatur**: Je nach vorhandenem Thermometer kann die Temperatur unter der Zunge, in Leiste oder Achselhöhle gemessen werden sowie im Ohr oder auf der Stirn. Die Temperatur variiert je nach Messort, deshalb ist die Dokumentation eben dieses wichtig. Es ist eine Schutzhülle zu verwenden.

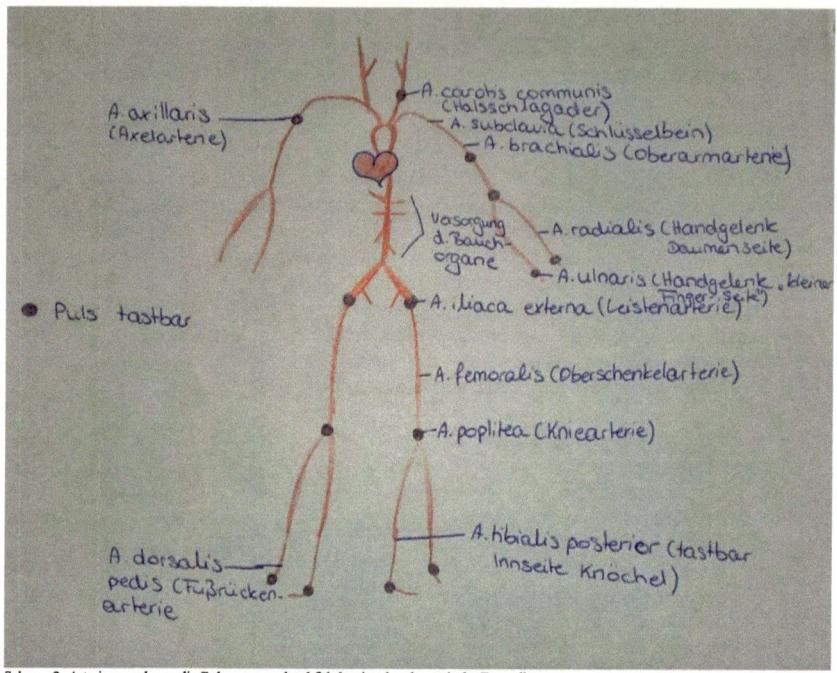

Schema 3: Arterien, an denen die Pulsmessung durchführbar ist als schematische Darstellung

6.1 Anatomie/ Physiologie Herzkreislaufsystem

Das Herz ist das Zentrum im Herz-Kreislauf-System und für die Blutverteilung zuständig. Als Sog-Druckpumpe gelangt in der Diastole(Erschlaffungsphase) das Blut durch einen Unterdruck in die beiden Vorhöfe, gelangt durch Kontraktion der Vorhöfe in die beiden Kammern und durch die Systole(Austreibungsphase) wird das Blut in die beiden Blutkreisläufe geleitet.

Es ist ein Organ so groß wie die Faust seines Trägers. Das Herz sitzt im Mediastinum, das ist der Raum hinter dem Brustbein, der von hinten von Oesophagus(Speiseröhre) und Wirbelsäule und seitlich durch die Lungenflügel begrenzt wird. Dort ist es in den Herzbeutel, das Perikard, eingebettet. Seine Frequenz hält es durch seinen Taktgeber, den Sinusknoten. Dieser gibt einen elektrischen Impuls weiter an den AV-Knoten, weiter über das HIS-Bündel zu den Tawaraschenkeln und schließlich gelangt der Impuls über die Purkinjefasern zu jeder einzelnen Muskelzelle.

Das Herz ist in vier Hohlräume unterteilt, jeweils zwei Vorhöfe und zwei Kammern, die paarweise voneinander durch das Septum(Herzscheidewand) getrennt sind.
Der Körperkreislauf beginnt im linken Vorhof. Das Blut gelangt durch die Mitralklappe in die linke Kammer und durch die Aortenklappe in die Hauptschlagader. Die Herzkranzgefäße gehen vom Ursprung der Aorta ab und sorgen für die Versorgung des Herzen mit Sauerstoff und Nährstoffen. Die Aorta verzweigt sich in feiner werdende Arterien und schließlich Arteriolen bis in die Organe, in denen der Gas- und Nährstoffaustausch in den Kapillaren, den feinsten Blutgefäßen, stattfindet. Über Venolen in und immer größer werdende Venen gelangt das nun Sauerstoff- und Nährstoffarme Blut über die obere und untere Hohlvene wieder in das Herz zurück, aber in den rechten Vorhof. Von dort geht es über die Trikuspidalklappe in die rechte Kammer, von der aus es über die Pulmonalklappe in die Lungenarterien in den Lungen- oder kleinen Kreislauf fließt. Auch hier verzweigen sich die Arterien zu immer feineren Gefäßen bis hin zu Kapillaren. In diesen findet der Gasaustausch statt und das Blut gelangt schließlich über Venen als sauerstoffreiches Blut zum Herzen zurück und in den linken Vorhof. Dort beginnt wieder der Körper- oder große Kreislauf.

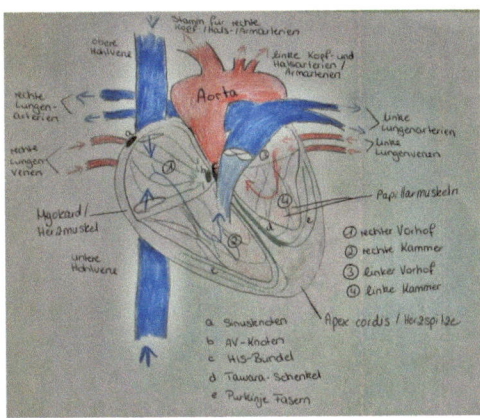

Abb.1: Schematischer Aufbau des Herzen mit Blutfluss und Reizweiterleitung, rot werden hier Gefäße angezeigt, welche sauerstoffreiches Blut und blau jene, welche sauerstoffarmes Blut führen.

6.2. Notfälle Herzkreislaufsystem

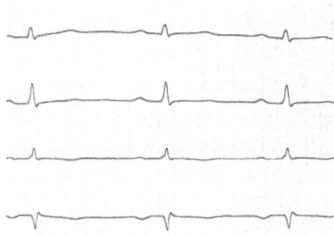

Bild 41: ein normales EKG

6.2.1. dekompensierte Herzinsuffizienz

(Herzinsuffizienz- das Herz kann nicht mehr die geforderte Leistung erbringen, der Körper kompensiert dies mit anderen Mechanismen; dekompensiert- die anderen Mechanismen schaffen ihr Pensum nicht mehr)

Symptome	Luftnot, Tachykardie
Maßnahmen	Vitalzeichenkontrolle Oberkörperhochlagerung Kutschersitz Sauerstoffgabe Beruhigen des Patienten Notruf absetzen evtl. Zyanose

6.2.2. Akutes Koronarsyndrom/ Herzinfarkt

Symptome	Luftnot Zyanose Vernichtungsschmerz in der Brust, ausstrahlend in Unterkiefer, Rücken, Nacken, linken Arm Achtung! Bei Frauen Übelkeit, Erbrechen, Unterleibschmerzen möglich RR(Blutdruck) hoch HF hoch
Maßnahmen	Notruf! Vitalzeichenkontrolle Oberkörperhochlagerung Sauerstoffgabe Beruhigen, Patient nicht alleine lassen! Patient hat Todesangst

6.2.3. (kardiales) Lungenödem

Symptome	Luftnot Rasselndes Atemgeräusch AF hoch HF hoch SpO$_2$ niedrig
Maßnahmen	Notruf Vitalzeichenkontrolle Oberkörperhochlagerung Sauerstoffgabe Patient beruhigen

6.2.4. Hypertensiver Notfall/ hypertensive Krise(Blutdruckkrise)

Symptome	Blutdruck hoch(200/100) evtl. Rötung des Kopfes evtl. Kopfschmerzen evtl. Schwindel Achtung! Bluthochdruck tut nicht weh!
Maßnahmen	Notruf fortlaufende Vitalzeichenkontrolle falls Bluthochdruck bei dem Patienten bekannt ist und er ein Notfallmedikament(z.B. Nitrospray) hat, soll er es einnehmen

6.2.5. Synkope

Symptome	plötzliche Bewusstlosigkeit, die sich spontan aufhebt sobald der Patient in die waagerechte Position kommt
Maßnahmen	Vitalzeichenkontrolle Patient auf mögliche Sturzfolgen untersuchen Notruf

6.2.6. Herzrhythmusstörungen

Symptome	Patient meldet sich mit „Herzstolpern" Puls unrhythmisch Kann mit Synkope einhergehen
Maßnahmen	Vitalzeichenkontrolle Notruf Fortlaufende Pulskontrolle

6.2.7. Arterieller Gefäßverschluss

Symptome	bei Extremität: nicht tastbarer Puls unterhalb des Verschlusses, Schmerzen, Blässe unterhalb des Verschlusses, Gefühlsstörungen, Extremität wird kalt Achtung Schockgefahr!
Maßnahmen	Notruf Vitalzeichenkontrolle Extremität tief lagern(Hoffnung auf weitere Durchblutung) Gefahr des Absterbens des Gewebes!

6.2.8. Venöser Gefäßverschluss

Symptome	Rötung bis zur Blaufärbung Schwellung Tastbarer Puls Schmerzen Unwohlsein
Maßnahmen	Notruf Ruhigstellung der Extremität Patient hinlegen und nicht mehr mobilisieren, Gefahr der Lungenembolie! Vitalzeichenkontrolle

6.2.9. Mesenterialinfarkt(Verschluss der Darmgefäße)

Symptome	Krankheitsbild des akuten Abdomens Schwierige Differentialdiagnose Vernichtungsschmerz im Bauchraum
Maßnahmen	Notruf! Für den Patient besteht Lebensgefahr Vitalzeichenkontrolle Lagerung Bauchmuskelentspannung(Nackenrolle/Knierolle)

6.2.10. Lungenembolie(plötzlicher Verschluss einer Lungenarterie)

Symptome	Luftnot HF hoch SpO_2 niedrig oder normal(kommt auf die Größe des betroffenen Gefäß an) Bei großem Gefäß kann der Patient ohne Vorwarnung tot umfallen(Todesursache Rechtsherzversagen durch Blutrückstau aus der Lunge)

Maßnahmen	Notruf Vitalzeichenkontrolle Patient nicht belasten!

6.2.11. Aortenaneurysma (Aussackung der Hauptschlagader)

Symptome	Es kann von uns nicht erkannt werden außer es drückt gegen Nerven und bereitet Schmerzen oder es platzt und der Patient stirbt ohne Vorwarnung Plötzlich auftretende Blässe Stark/schnell fallender RR
Maßnahmen	bei Bauchschmerzen oder Brustschmerzen Vitalzeichenkontrolle und Notruf oder bei geringeren Schmerzen an Arzt verweisen, schwierige Differentialdiagnose

7.1 Anatomie/ Physiologie der Lunge/ Atemwege

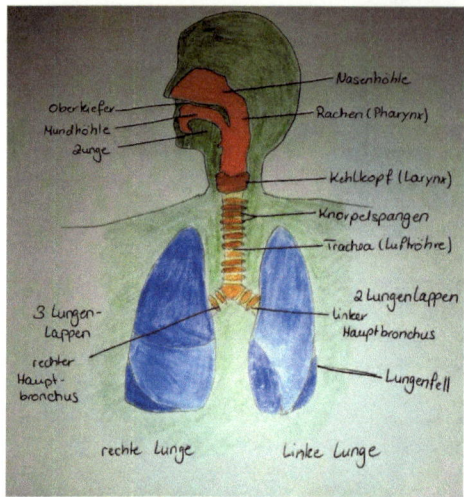

Die oberen Atemwege beginnen bereits in Nase und Mund. Die eingeatmete Luft wird vor allem in den Nasenhöhlen und Nasennebenhöhlen angewärmt, gereinigt und angefeuchtet. Im Rachenraum führen diese zusammen und die eingeatmete Luft wird durch die Stimmritze, die sich im Kehlkopf befindet, geleitet. Die darunterliegende Trachea(Luftröhre) besteht aus Bindegewebe, welches von hufeisenförmigen Knorpelspangen in Form gehalten wird. Kommt ein Fremdkörper in die Trachea, wird er durch einen Hustenreiz wieder hinausbefördert und kann dabei Geschwindigkeiten von über 100km/h erreichen.

Abb.2: Schematische Darstellung der Atemwege

Am unteren Ende teilt sich die Trachea in den rechten und linken Hauptbronchus, die sich jeweils feiner verzweigen und in den Alveolen, den Lungenbläschen, enden. Jedes Lungenbläschen ist von einem Kapillarnetz umzogen und durch eine Membran findet der Austausch von Sauerstoff und Kohlenstoffdioxid statt.
Die rechte Lunge besteht aus drei Lungenlappen und die linke nur aus zwei, da durch die Lage des Herzen dort weniger Platz herrscht.
Der wichtigste Atemmuskel ist das Diaphragma, das Zwerchfell.

7.2 Respiratorische Notfälle
7.2.1. Respiratorische Insuffizienz(ungenügende Atempumpleistung)

Symptome
    Luftnot
    SpO_2 niedrig
    Bis hin zum Versagen der Atmung(Atempumpversagen)

Maßnahmen
    Notruf
    Sauerstoffgabe
    Vitalzeichenkontrolle
    Oberkörperhochlagerung
    Patient beruhigen, evtl. in der Atmung anleiten
    Bei Atempumpversagen mit Ambubeutel beatmen und
    darunter Pulskontrolle, bei Bedarf Reanimation einleiten!

7.2.2. Pneumonie (Lungenentzündung)

Symptome	produktiver Husten mit gelblichen Auswurf Luftnot evtl. SpO_2 niedrig HF hoch Fieber Nasse/schwitzige Haut
Maßnahmen	Notruf Sauerstoffgabe Oberkörperhochlagerung Vitalzeichenkontrolle

7.2.3. Exazerbierte COPD
(COPD- chronisch obstruktive(einengende) Lungenerkrankung; exazerbiert- innerhalb kurzer Zeit eine Verschlechterung der Symptome)

Symptome	Patient mit bekannter COPD(Anamnese) Luftnot Zyanose HF hoch evtl. RR hoch
Maßnahmen	Notruf Nur 2-3l Sauerstoff!(Gefahr der CO2-Narkose*) Oberkörperhochlagerung/ Kutschersitz Lippenbremse Falls der Patient Notfallmedikamente hat(z.B. Salbutamol oder Berodual) soll er sie einnehmen

*Bei der COPD ist der Körper dahingegen geschädigt, das er den Atemanreiz nicht durch Kohlenstoffdioxidanstieg im Blut hat wie bei gesunden, sondern durch Sauerstoffmangel. Gibt man dem Patienten jetzt Sauerstoff in hoher Dosis fällt das O2 im Blut nicht ab aber das CO^2 steigt. Der Atemanreiz bleibt aus und der Patient verliert das Bewusstsein.

7.2.4. Asthma bronchiale
(meist allergisch ausgelöste Reaktion in der Lunge durch Überreaktion des Abwehrsystems)

Symptome	Luftnot bei Patient bekannter Asthma bronchiale mit pfeifendem Atemgeräusch
Maßnahmen	Notruf Vitalzeichenkontrolle Sauerstoffgabe Falls der Patient Notfallmedikamente mitführt(z.B. Salbutamol) soll er sie einnehmen Kutschersitz Lippenbremse

7.2.5. Pneumothorax
(Luftansammlung im Pleuraspalt, wodurch die Lunge sich bei der Einatmung nicht entfalten kann)

Symptome
: Luftnot
Patient hat Todesangst
SpO_2 niedrig
Einseitige Atembewegung des Brustkorbs und einseitige Atemgeräusche beim Abhören

Maßnahmen
: Notruf
Vitalzeichenkontrolle
Oberkörperhochlagerung oder bei Seitenlagerung auf die betroffene Seite lagern
Sauerstoffgabe
Beruhigen des Patienten, nicht alleine lassen

7.2.6. Hyperventilation
(vermehrte Abatmung von CO_2 durch eine zu schnelle Atemfrequenz)

Symptome
: HF hoch
AF >30
Psychische Erregung
Pfötchenstellung der Hände
evtl. Zyanose
Kann zur Bewusstlosigkeit führen

Maßnahmen
: Notruf wenn Patient sich nicht beruhigt
Patient beruhigen
CO^2 Rückatmung durch Hyperventilationsmaske oder Plastiktüte
Vitalzeichenkontrolle

8.1. Anatomie/ Physiologie des Gastrointestinaltrakts und Abdomens

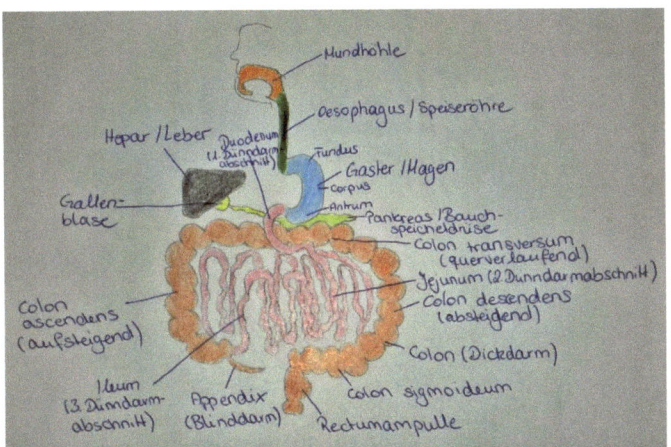

Abb.3: Schematische Darstellung des Verdauungstraktes

Der Gastrointestinaltrakt ist das Verdauungssystem und ist sehr komplex. Angefangen in der Mundhöhle, in der die Verdauung bereits durch das mechanische Zerkleinern durch die Zähne und enzymatische Zersetzung durch den Speichel gelangt der Speisebrei durch den Schluckakt in den Rachen und weiter in den Oesophagus(Speiseröhre). Diese ist ein Muskelschlauch und ein reines Transportorgan, welches in jeder Körperhaltung in der Lage ist den Speisebrei weiter in den Magen zu transportieren. Durch ein Loch im Zwerchfell verlässt die Speiseröhre den Brustkorb und gelangt in den Bauchraum, das Abdomen. Hier gelangt der Speisebrei zuerst in den Magen. Dieser ist in mehrere Abschnitte unterteilt. Die Kardia ist der Mageneingang, den Fundus(Magengrund), den Korpus(Magenkörper) und das Antrum(Vorraum des Pförtners). Im Magen, der ein Hohlorgan ist, geht die Verdauung durch den Magensaft und durch kontinuierliche Bewegungen der Muskulatur weiter. Die Magenschleimhaut sondert dabei Magensaft und schützenden Magenschleim ab. Die Flüssigkeiten sind mit Enzymen durchsetzt. Den Magen und den Dünndarm trennt der Magenpförtner, der Pylorus. Der Mageninhalt wird nun portionsweise in das Duodenum, den Zwölffingerdarm, abgegeben. In diesen C-förmigen Dünndarmabschnitt münden der Gallengang und der Pankreasgang, wodurch weitere Enzyme in die Verdauung einfließen. Zu diesen Organen komme ich später. Weiter im Leerdarm(Jejunum) und Krummdarm(Ileum) werden inzwischen erste Nährstoffe resorbiert und durch weitere Darmbewegungen(Peristaltik) und Enzyme wird die Nahrung in weitere Einzelbestandteile zersetzt. Der Dünndarm mündet in den Dickdarm, von dem der Blinddarm ungenutzt abgeht. Der Dickdarm wird nun in den aufsteigenden, den querverlaufenden und den absteigenden Ast unterteilt. Den Namen hat er, da dem Speisebrei nun die restlichen Nährstoffe entzogen und der Großteil der Flüssigkeit resorbiert, die Nahrung also angedickt, wird. Im Rektum wird der übriggebliebene Speisebrei als Stuhlgang gesammelt bis er ausgeschieden wird.
Der Darm ist von einem Bauchfell umzogen, um den restlichen Bauchraum möglichst keimfrei zu halten.

Die Leber ist ein sehr wichtiges Organ und erfüllt mehrere Aufgaben. Das Organ bildet den Gallensaft, welcher für die Fettverdauung erforderlich ist, speichert Vitamine, Kohlenhydrate und Fette und ist an der Entgiftung von Alkohol und vielen Medikamente maßgeblich beteiligt. Der Gallensaft wird über die Gallengänge zur Gallenblase geleitet, von wo er dann bei Bedarf in den Dünndarm ausgeschüttet wird.

Der Pankreas(Bauchspeicheldrüse) erfüllt zwei wichtige Funktionen. Es handelt sich bei diesem Organ um eine Drüse, die sowohl Pankreassaft mit Verdauungsenzymen in den Dünndarm ausschüttet, als auch in den im Pankreasschwanz befindlichen Langehans Inseln Hormone, vor allem Insulin, für den Kohlenhydratstoffwechsel produziert. Diese werden in das Blut ausgeschüttet.

Ebenfalls im Abdomen befindet sich die Milz. Das Organ sitzt im linken Oberbauch und ist von einer Kapsel eingeschlossen. Sie filtert alte Blutzellen und ist bei einem Embryo mit an der Blutbildung beteiligt. Da es sich um ein stark durchblutetes Organ handelt ist eine Milzverletzung lebensbedrohlich.

8.2. abdominelle und gastrointestinale Notfälle
8.2.1. Gastrointestinale Blutung(Blutung im Verdauungstrakt)

Symptome   Bluterbrechen oder blutiger bis schwarzer Stuhlgang, je
                    nach Lokalisation der Blutung(Achtung, auch bei
                    Eiseneinnahme ist der Stuhlgang schwarz!)
                    HF hoch
                    RR niedrig
                    Blässe
                    Kaltschweißigkeit
                    Schockgefahr!
                    Lebensgefahr!

Maßnahmen   Notruf
                    Vitalzeichenkontrolle
                    Volumengabe vorbereiten(Infusionen) für schnelles
                    Handeln wenn der Rettungsdienst eingetroffen ist
                    Bei Erbrechen für Ablauf sorgen
                    Menge abschätzen
                    Wärmeerhalt

8.2.2. Peritonitis/ Pankreatitis/ Cholezystitis/ Appendizitis/ Divertikulitis
(Bauchfellentzündung/ Bauchspeicheldrüsenentzündung/ Gallenblasenentzündung/ Blinddarmentzündung/ Entzündung der Darmschleimhaut)

Symptome   stärkste Bauchschmerzen
                    Krankheitsbild des akuten Abdomens
                    HF hoch
                    RR hoch
                    Fieber möglich
                    Differenzierung für den Sanitätshelfer nicht möglich, nur
                    die Appendizitis weist den typischen Loslassschmerz in
                    der rechten Leiste auf

Maßnahmen   Notruf
Vitalzeichenkontrolle
Bauchentlastende Lagerung(Nackenrolle, Knierolle oder Embryonalstellung)
Lokalisation der Schmerzen erfragen
Keine orale Nahrungs- oder Flüssigkeitsaufnahme

8.2.3. Ileus(Darmverschluss)

Symptome   Stuhlerbrechen
Stärkste Bauchschmerzen
RR hoch
HF hoch

Maßnahmen   Notruf
Vitalzeichenkontrolle
Keine orale Verabreichung von Nahrung oder Flüssigkeiten
Ablauf des Erbrochenen gewährleisten
Volumengabe(Infusionen) vorbereiten

9.1. Endokrinologie

Endokrinologie bezieht sich auf Drüsen mit innerer Sekretion. Heißt Hormone werden in das Blut abgegeben. Hier möchte ich mich auf die Bauchspeicheldrüse beschränken und die Bildung von Insulin in den Langerhans Inseln.
Das Insulin wird in das Blut abgegeben und sorgt im Schlüssel-Schloss-Prinzip dafür, dass die Glukose(der Zucker) aus der Blutbahn in die Zellen gelangt und dort zu Energie verstoffwechselt werden kann. Ohne Zucker in den Zellen können keine Aktionen ausgeführt werden.

9.2. Endokrinologische Notfälle
9.2.1. Hyperglykämie(Überzuckerung)

Symptome	bei längerfristiger Hyperglykämie verstärktes Durstgefühl und vermehrtes Wasserlassen Kurzfristig Übelkeit, Erbrechen Bauchschmerzen Bewusstseinseintrübung BZ hoch Acetongeruch ggf. Schlaganfallsymptomatik(verwaschene Sprache, einseitiges Kribbeln, Missempfindungen)
Maßnahmen	Notruf Vitalzeichenkontrolle Falls der Patient bekannter Diabetiker mit vorhandenem Insulin ist, darf er sich nach seinem Schema spritzen, jedoch darf der Zucker nicht zu schnell gesenkt werden! Bei eintretender Bewusstlosigkeit stabile Seitenlage

9.2.2. Hypoglykämie(Unterzuckerung)

Symptome	Übelkeit Erbrechen Muskelzittern Schwächegefühl Bauchschmerzen BZ niedrig Bewusstseinseintrübung Allgemeines Unwohlsein
Maßnahmen	Notruf Vitalzeichenkontrolle Bei vollem Bewusstsein Zufuhr von Traubenzucker, zuckerhaltigen Getränken, etc. Bei Bewusstlosigkeit stabile Seitenlage Ggf. Schlaganfallsymptomatik(verwaschene Sprache, einseitiges Kribbeln, Missempfindungen)

10.1. Anatomie/ Physiologie des Gehirns und des Nervensystems

Das Nervensystem gliedert sich in zwei wesentliche Bereiche. Das zentrale und das periphere Nervensystem. Das zentrale besteht aus dem Gehirn und dem Rückenmark und das periphere aus allen anderen Nerven im Körper.

Über die Nervenbahnen werden Reize aus der Peripherie zum Gehirn geleitet und Befehle vom Gehirn in die Peripherie, sodass sich schließlich Muskeln bewegen. Eine Nervenzelle besteht aus einem Zellkörper und mehreren Zellarmen, von denen alle bis auf einen, das Axon, Reize annehmen und nur das Axon die Reize über Elektrolytverschiebungen über weitere Zellen zum Gehirn weiterleitet.

Das Gehirn ist ein komplexes Organ, welches alle Triebe, Denkvorgänge, das Empfinden, alle Vorstellungen und das Bewusstsein steuert. Eingebettet in den Schädel und umspült von Liquor ist es geschützt und wird mit Nährstoffen versorgt. Es lässt sich in verschiedene Bereiche unterteilen, die alle ihre eigenen Aufgaben haben.

Das Rückenmark ist geschützt durch den Wirbelkanal und leitet die Nervenbahnen vom Gehirn in die verschiedenen Teile des Körpers. Auch hier sind die Nervenbahnen von Liquor umspült.

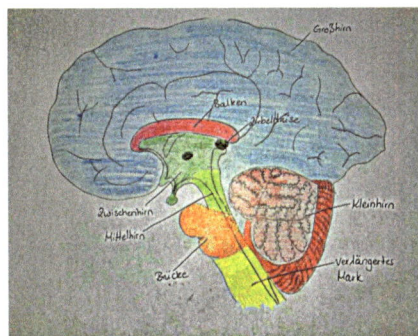
Abb.4: Schematische Darstellung des Gehirns

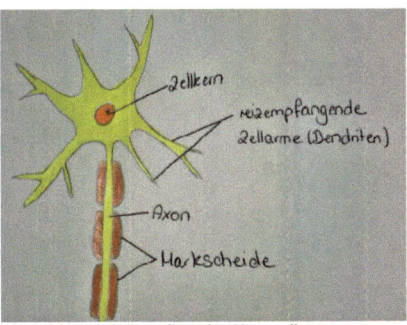
Abb.5: Schematische Darstellung einer Nervenzelle

10.2. neurologische Notfälle
10.2.1. SHT(Schädel-Hirn-Trauma)

I.Grades(Commotio cerebri) Kopfschmerzen
(Gehirnerschütterung) Schwindel
  Kurze Bewusstlosigkeit bis max.10Minuten
  Übelkeit
  Erbrechen
  Wortfindungsstörungen
  Pupillendifferenz
  Amnesie

II.Grades(Contusio cerebri) Bewusstlosigkeit länger als 10Minuten
(Gehirnprellung) sonst s.o.

III.Grades(Compressio cerebri) Bewusstlosigkeit länger als 60Minuten
(Gehirnquetschung)

Maßnahmen
Notruf
Vitalzeichenkontrolle
Ablauf für Erbrochenes schaffen
Keine orale Nahrungs- oder Flüssigkeitszufuhr
Atemwege sichern!

Potentiell Lebensbedrohliche Situation!

10.2.2. Bewusstseinsstörung

Symptome
Eintrübung
Keine Reaktion auf Ansprache/ physischen Reiz/ Schmerzreiz
Veränderung der Vitalzeichen muss nicht gegeben sein

Maßnahmen
Notruf
Vitalzeichenkontrolle
Stabile Seitenlage
Atemwege sichern

10.2.3. Enzephalitis/ Meningitis(Entzündung der Hirnhäute)

Symptome
Kopfschmerzen
Übelkeit
Erbrechen
Rückenschmerzen
Lichtempfindlichkeit
Schmerzhafte Nackensteife(bei Meningitis)
Delir
Schwindel
Eintrübung
Unfähigkeit das Kinn an die Brust zu legen

Maßnahmen
Isolieren!
Ansteckungsgefahr! (Schutzkittel, Haube, Mundschutz, Handschuhe)
Notruf
Vitalzeichenkontrolle
Ablauf für Erbrochenes schaffen
Licht abdunkeln
Geräusche nach Möglichkeit abschirmen

10.2.4. SAB(Subarachnoidalblutung)/ **Hirnblutung**

Symptome	Wesensveränderung
	Eintrübung
	Pupillendifferenz
	Delir
	Lähmungen
	Wortfindungsstörungen
	Unfähigkeit Aufforderungen nachzukommen
	Schwindel
	Kopfschmerzen
	Übelkeit
	Erbrechen
Maßnahmen	Notruf
	Vitalzeichenkontrolle
	Atemwege sichern, ggf. stabile Seitenlage
	Genauestens auf weitere Verschlechterungen achten!

10.2.5. epileptischer Anfall/ Krampfanfall

Symptome	Bewusstseinseintrübung
	Krampfanfall
Maßnahmen	Notruf
	Passives Schützen durch wegräumen von Gegenständen in Patientennähe
	Dauer de Krampfanfalls festhalten
	Nach Krampfanfall Vitalzeichenkontrolle
	Atemwege sichern
	Ggf. stabile Seitenlage
	Nach äußeren Verletzungen suchen

Bei bekannten Epileptikern haben ggf. Freunde/ Eltern Zugriff auf ein Notfallmedikament und sind darin eingewiesen! Das darf benutzt werden! (Z.B. bei Kindern häufig als Zäpfchen)

Bei einem **Grand mal** Anfall handelt es sich um eine Anfallsserie, in der zwischen den Anfällen das Bewusstsein wiedererlangt wird.

Beim **Status epilepticus** handelt es sich um eine Anfallsserie, bei der das Bewusstsein zwischen den Anfällen nicht wiedererlangt wird oder um einen einzelnen Anfall, der länger als 5Minuten dauert. Diese Situation ist lebensbedrohlich!

10.2.6. Apoplex (Schlaganfall)

Symptome
Halbseitenlähmung
Hängender Mundwinkel
Störung Worte zu bilden
Unfähigkeit zu lächeln
Unfähigkeit beide Hände gleich fest zu drücken(Kreuzgriff)
Ggf. Unfähigkeit den Blick zu fixieren
Verwaschene Sprache
Kribbeln oder Missempfindungen
FAST Test auffällig

Maßnahmen
Notruf
Vitalzeichenkontrolle
Patient stabil(!) hinsetzen oder hinlegen
Patient beruhigen
Keine orale Flüssigkeits- oder Nahrungszufuhr

10.2.7. Bandscheibenvorfall

Symptome
Hals- oder Rückenschmerzen je nach Lokalisation
Ausstrahlende Missempfindungen in Extremitäten möglich
Taubheitsgefühl
Querschnittssyndrom

Maßnahmen
Notruf
Vitalzeichenkontrolle
Stufenlagerung(Beine hoch auf eine Bank o.ä.)
Oder Kutschersitz
Wärmezufuhr

11.1. Anatomie/ Physiologie des passiven Bewegungsapparates und des knöchernen Thorax

Bei dem passiven Bewegungsapparat und dem knöchernen Thorax(Brustkorb) handelt es sich um das Skelett. Es besteht aus Knochen und Knorpelgewebe, die über Gelenke miteinander verbunden sind und sich alleine ohne Muskeln nicht bewegen können. Es gibt verschiedene Typen von Knochen und Gelenken. Gelenke sind die einzigen beweglichen Stellen an einem Skelett.
Die Funktion des Skeletts ist Stabilität zu erhalten und Organe zu schützen. Am besten geschützt sind das Gehirn im Schädel, das Rückenmark im Wirbelkanal, Lunge und Herz zuwischen den Rippen und die Fortpflanzungsorgane im Becken.
Sind Knochen verletzt, müssen immer auch Weichteilverletzungen in Betracht gezogen werden.
Außerdem sind sie an der Blutbildung beteiligt und auch kann über einen Zugang im Knochen Volumen- und Medikamentengabe durch einen Notarzt durchgeführt werden, sollte keine Vene für einen Zugang gefunden werden.

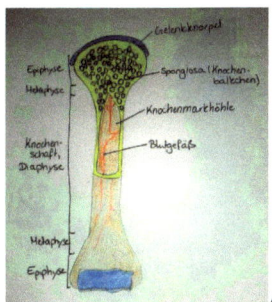

Abb.6: Schematischer Aufbau eines Knochens

Schema 4: Aufbau des menschlichen Skeletts

11.2. Traumatologie
11.2.1. Verletzungen von Hals und Kehlkopf

Symptome	offene Verletzung Schwellung Rötung Schmerzen Blut spucken/ Eisen- oder Blutgeschmack
Maßnahmen	Notruf Vitalzeichenkontrolle Offene Wunden keimfrei abdecken und verbinden Blutungen durch Kompression stillen Immobilisation(Stifneck) Atemwege sichern(v.a. bei Schwellung) Oberkörperhochlagerung Patient beruhigen, ggf. niedrig dosierte Sauerstoffgabe für die Psyche Befreien von enger Kleidung

11.2.2. Verletzungen von Thorax(knöcherner Brustkorb)

Symptome	HF hoch RR hoch AF hoch Luftnot ggf. verändertes Atemgeräusch ggf. einseitige Atembewegung Brustschmerz Offene Verletzung Rötung Schwellung ggf. Fremdkörper ggf. blutig-schaumiger Auswurf/ Bluthusten
Maßnahmen	Notruf Vitalzeichenkontrolle offene Wunden keimfrei abdecken und verbinden Fremdkörper fixieren Sauerstoffgabe Patient beruhigen Oberkörperhochlagerung oder Seitenlage auf die betroffene Seite von beengender Kleidung befreien Atemwege sichern Immobilisation des Patienten blutende Wunde komprimieren

11.2.3. Verletzungen des Abdomens (Bauchraum)

Symptome	Bauchschmerzen
offene Wunden
Fremdkörper
plötzliche Umfangszunahme des Abdomens
plötzlicher RR Abfall und HF Anstieg
Schock möglich
Maßnahmen	Notruf
Vitalzeichenkontrolle
Offene Wunden keimfrei abdecken und verbinden
Fremdkörper fixieren
Immobilisation
Bauchentlastende Lagerung (Nacken- und Knierolle oder Embryonalstellung)
bei Schock Schocklagerung
bei Bewusstseinsverlust stabile Seitenlage
Blutungen komprimieren

11.2.4. Verletzungen der Wirbelsäule

Symptome	Schmerzen
ggf. Gefühlsstörungen
ggf. Verlust der Fähigkeit die Beine o.ä. zu bewegen
offene Verletzung
ggf. Fremdkörper
Schockgefahr
Maßnahmen	Notruf
Vitalzeichenkontrolle
Immobilisation (Vakuummatratze falls vorhanden)
Keimfreies abdecken und verbinden offener Wunden
Fremdkörper fixieren
Pulskontrolle an den Extremitäten
Kontrolle der Hautfarbe an den Extremitäten

11.2.5. Verletzungen des Beckens

Symptome	Schmerzen
Plötzliche Umfangszunahme des Beckens
RR Abfall
HF Anstieg
abnorme Beweglichkeit des Beckens
unterschiedlich lange Beine
Schockgefahr

| Maßnahmen | Notruf
Vitalzeichenkontrolle
Immobilisation(Beckenschlinge/ Vakuummatratze falls vorhanden)
offene Wunden keimfrei abdecken und verbinden
Blutungen komprimieren |

11.2.6. Verletzungen des Bewegungsapparates (Skelett und Skelettmuskulatur)

| Symptome | Schmerzen
Rötung
Schwellung
Funktionseinschränkung
offene Wunden
abnorme Beweglichkeit oder abnormes Abstehen
Fremdkörper
verkürzte oder verlängerte Extremität
ggf. peripher kein Puls tastbar
peripher verändertes Hautkolorid |

| Maßnahmen | Notruf
Immobilisation der betroffenen Extremität
Hochlagern der Extremität
Kühlen
Kompression bei einer Blutung
keimfreies Abdecken und Verbinden offener Wunden
Fremdkörper fixieren
periphere Pulskontrolle |

11.2.7. Amputationsverletzungen

| Symptome | abgetrenntes Körperteil, Amputat vorhanden oder nicht vorhanden
Schockgefahr |

| Maßnahmen | Notruf
Vitalzeichenkontrolle
Wunde: Blutung stillen, keimfrei abdecken, hochlagern, verbinden, kühlen
Amputat: keimfrei abdecken, im Amputatsbeutel aufbewahren oder Alternativ Beutel in Beutel und im Zwischenraum Eiswasser |

11.2.8. Schock (sämtliche Formen)

Symptome	RR niedrig HF hoch Puls schwach, fadenförmig Blässe Kaltschweißigkeit Muskelzittern Übelkeit, Erbrechen
Maßnahmen	Notruf Vitalzeichenkontrolle Schocklagerung(Oberkörper tief und Beine hoch) Volumengabe vorbereiten

Sonderform! Kardiogener Schock
Zusätzliche Symptome	Thoraxschmerz Luftnot Gestaute Halsvenen
Maßnahmen	Notruf Vitalzeichenkontrolle Herzbettlagerung(Oberkörper hoch, Beine tief, um das Herz zu entlasten)

Beim Schock besteht Lebensgefahr durch Multiorganversagen durch Zentralisation und damit Minderdurchblutung der Organe. Bei der Zentralisation beschränkt sich der Körper mit der Durchblutung auf Lunge, Herz und Gehirn!

Bild 42: Diese Patientin könnte leicht in einen Schock geraten. Volumen wird in Form einer Infusion bereits verabreicht.

12.1. Gynäkologie und Urologie

Die ableitenden Harnwege beginnen mit den paarweise angeordneten Nieren, in denen harnpflichtige Substanzen aus dem Blut gefiltert werden. In den Nierenbecken wird die Flüssigkeit gesammelt und über die Harnleiter(Urether) in die Harnblase geleitet. Dieses Hohlorgan hat ein Fassungsvermögen von etwa 500ml und muss spätestens dann entleert werden. Jedoch tritt der Harndrang meist eher ein. Die Harnröhre(Urethra) ist anatomisch bedingt bei Männern länger als bei Frauen, was bei letzteren Harnwegsinfektionen begünstigt.

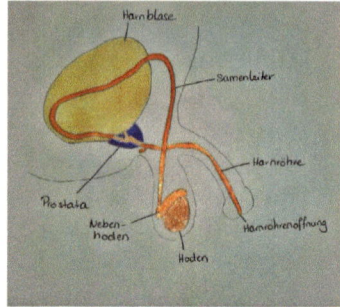

Das männliche Geschlechtsorgan befindet sich außerhalb des kleinen Beckens und ist daher besonders empfindlich und anfällig für Verletzungen. Die paarig angelegten Hoden befinden sich im locker hängendem Hodensack. Der Harnleiter führt von dort in den Bauchraum und mündet in die Harnröhre. Unterhalb der Harnblase sitzt die Vorsteherdrüse(Prostata), welche ein trübes enzymhaltiges Sekret produziert, welches für den typischen Spermageruch verantwortlich ist und den Großteil eines Samenergusses ausmacht.

Abb.7: Schematische Darstellung des männlichen Geschlechtsorgans

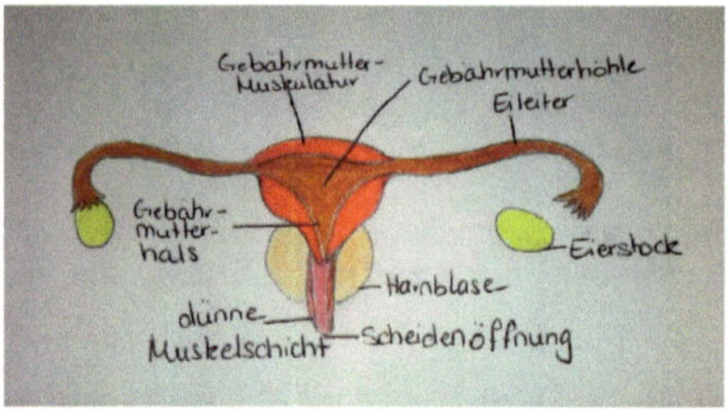

Abb.8: Schema einer Gebärmutter

Anders als beim Mann sind die Geschlechtsorgane einer Frau im Becken deutlich geschützter. Sie bestehen aus Eierstöcken, Eileitern, Gebärmutter und Scheide. Scheidenvorhof, Schamlippen und Kitzler zählen zu den äußeren Geschlechtsorganen.

Die Eierstöcke sind paarig angelegt und bilden Hormone, sowie die befruchtungsfähige Eizelle, welche über die Eileiter in die Gebärmutter wandert. Der Uterus(die Gebärmutter) ist schließlich das birnenförmige Organ, in dem sich die befruchtete Eizelle einnistet und während der Schwangerschaft zu einem Säugling heranreift.

12.2. gynäkologische und urologische Notfälle
12.2.1. Verletzungen im Genitalbereich

Symptome   offene Verletzung
                        Schmerzen im Genitalbereich
                        Fremdkörper
                        Schwellung
                        Blutung aus sämtlichen Körperöffnungen
                        Pfählung im Genitalbereich

Maßnahmen   Notruf
                        Vitalzeichenkontrolle
                        Inspektion möglichst durch einen
                        gleichgeschlechtlichen Sanitäter oder im Beisein
                        einer gleichgeschlechtlichen dritten Person
                        Offene Verletzungen keimfrei abdecken und
                        verbinden
                        Bei Pfählungsverletzungen Fremdkörper fixieren,
                        falls dieser nicht mobil ist den Patienten nicht davon
                        entfernen! (z.B. Sturz auf Zaun/ Pöller o.ä.)

12.2.2. Geburtshilfliche Notfälle

Symptome   schwangere Frau teilt Problem mit!
                        z.B. Nabelschnurvorfall, Plazentaablösung,
                        Fehlgeburt

Maßnahmen   Notruf
                        Vitalzeichenkontrolle
                        Leitstellendisponent nach weiteren Anweisungen
                        fragen oder mit Gynäkologen/ Hebamme verbinden
                        lassen!

Lediglich bei einsetzenden Wehen oder Blasensprung hat die Frau in der Regel genug Zeit selbst ins Krankenhaus zu fahren bzw. sich fahren zu lassen.

12.2.3. Missbrauch

Betroffener meldet sich

Maßnahmen   Notruf
                        Patient beruhigen/ psychisch betreuen, kann mit
                        Vitalzeichenkontrolle verbunden werden
                        Möglichst gleichgeschlechtliche Bezugsperson die
                        nach Möglichkeit bis zur Übernahme durch Polizei
                        und Rettungsdienst nicht wechselt
                        Intimbereich möglichst nicht antasten, bei
                        Verletzungen darf gehandelt werden

Im Umgang mit der betroffenen Person ist äußerste Vorsicht geboten!

12.2.4. akuter Harnverhalt(Unfähigkeit zum Wasserlassen)

Symptome	Unfähigkeit zum Wasserlassen bei Harndrang Unterbauchschmerzen Unwohlsein RR hoch HF hoch Kaltschweißigkeit „Harnträufeln"
Maßnahmen	Notruf Vitalzeichenkontrolle Bauchdeckenentlastende Lagerung(Knierolle/Nackenrolle)

12.2.5. Hämaturie(Blut im Urin)

Symptome	Blut im Urin Schmerzen beim Wasserlassen ggf. Unterbauchschmerzen
Maßnahmen	Notruf oder Patient selbstständig zum Arzt schicken Urinprobe sichern Vitalzeichenkontrolle

12.2.6. akuter Nierenstein(Salzkristall in den ableitenden Harnwegen)

Symptome	stärkste Schmerzen in der Nierengegend ggf. Hämaturie HF hoch RR hoch
Maßnahmen	Notruf Vitalzeichenkontrolle

13.1. Anatomie/ Physiologie des Auges

Das Auge des Menschen ist paarig angeordnet und zählt zu den Sinnesorganen. Nur durch beide Augen ist räumliche Wahrnehmung möglich. Außerdem erkennt es neben Helligkeit und Dunkelheit auch Farben sowie Beziehungen von Objekten untereinander.

Der Augapfel ist mit Kammerwasser gefüllt. Die Iris ist der farbige Anteil des Augapfels und durch die Pupille, das Loch oder die Blende des Auges, gelangt Licht in das Innere auf die Netzhaut, von wo aus die Eindrücke an das Gehirn weitergeleitet und verarbeitet werden.

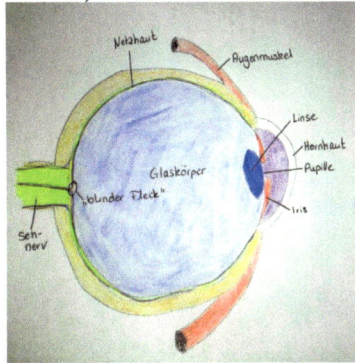

Abb.9: Schematische Darstellung eines Auges

13.2. Ophtalmologische Notfälle
13.2.1. Verätzung des Auges

Symptome
    Schmerzen
    ggf. Sehverlust, Sehen einer Farbe oder Sehen wie durch einen Schleier

Maßnahmen
    Notruf
    Augenspülung
    Vitalzeichenkontrolle
    Keimfreies Abdecken des Auges bzw. beider zur Ruhigstellung

13.2.2. Hornhautabschürfung/ plötzlicher Sehverlust

Symptome
    Sehverlust
    Abschürfung
    ggf. Schmerzen

Maßnahmen
    Notruf
    Vitalzeichenkontrolle
    Abdecken beider Augen(Ruhigstellung)

13.2.3. Lidverletzung

Symptome	offene Verletzung
	Schwellung
	Hämatom(Bluterguss)
Maßnahmen	Notruf oder Patient selbstständig zum Arzt schicken
	Keimfreies Abdecken
	Vitalzeichenkontrolle

14.1. HNO

Zu HNO gehören Hals, Nase und Ohren zusammengefasst in einen medizinischen Fachbereich.

Der Hals ist die Verbindung vom Kopf zum Körper, welcher auf der Wirbelsäule gestützt liegt. Es verlaufen lebensnotwendige Strukturen durch den Hals, das Rückenmark, die Trachea und die Halsschlagadern sind nur die größten.

Die Nase hat mehrere Aufgaben. Zum einen als Atemweg die Bereinigung, Anfeuchtung und Aufwärmung der Atemluft, zum anderen als Sinnesorgan zum Riechen, sowie als Resonanzraum der Stimme.
Die äußere Form wird maßgeblich von mehreren Nasenknorpeln gebildet. Innen ist sie annähernd ein dreieckiger Hohlraum, der durch das Septum, die Nasenscheidewand, in zwei Hälften geteilt wird. In die Nasenhöhle münden paarig die Nasennebenhöhlen, welche den Resonanzraum der Stimme darstellen und der Gewichtsverminderung des knöchernen Schädels dienen.

Das Ohr ist ebenfalls ein wichtiger Bestandteil unseres Körpers und ebenfalls paarig angelegt. Die Ohrmuschel aus Knorpelgewebe ist nur ein kleiner Bestandteil des Sinnesorgans und ist für die Schallaufnahme konstruiert. Im Schädel eingebettet ist neben den Gehörgängen auch das Gleichgewichtsorgan, welches sich in den Bogengängen befindet und dem Gehirn Veränderungen über die Lage des Körpers im Raum meldet.

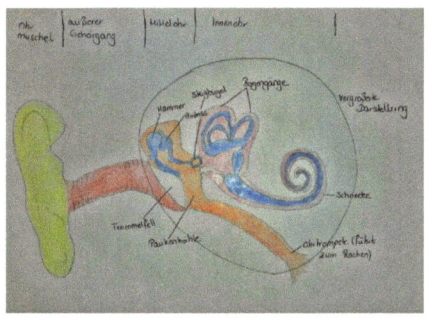

Abb.10: Schematische Darstellung der Gehörgänge

14.2. HNO-Notfälle
14.2.1. akute Blutung aus Mund/ Nase/ Ohr

Symptome   Blutung

Maßnahmen   Notruf oder Patient ggf. selbst zum Krankenhaus/
                        Arzt schicken
                        Vitalzeichenkontrolle
                        Für Ablauf sorgen
                        ggf. Blutungsquelle suchen
                        Atemwege sichern
                        Kompression
                        Kühlung
                        Oberkörperhochlagerung

14.2.2. akute Luftnot/ Verlegung der oberen Atemwege

Symptome
: Luftnot
Schwellung

Maßnahmen
: Notruf
Vitalzeichenkontrolle
Atemwege sichern!(Guedeltubus oder Wendeltubus/ Vorsicht bei Larynxtubus, Ausbildungsinhalte beachten!)
Oberkörperhochlagerung
ggf. Rückenlage zum Beatmen

14.2.3. Hörsturz/ Tinnitus/ Knalltrauma

Symptome
: Verschlechterung der Hörqualität bis hin zur Taubheit, meist nur auf einem Ohr
Piepton auf einem oder beiden Ohren

Maßnahmen
: Vitalzeichenkontrolle
Je nach Intensität der Beschwerden reicht ein selbstständiger Gang zum Arzt, Beschwerden klingen häufig von selbst wieder ab

14.2.4. Akuter Schwindelanfall

Symptome
: Schwindel
Gleichgewichtsstörungen
Verlust der Körperwahrnehmung im Raum

Maßnahmen
: Notruf
Vitalzeichenkontrolle
Patient so hinlegen, dass er einen festen Punkt fixieren kann

15. sonstige Notfälle
15.1. Psychiatrische Notfälle

Angstsyndrom
Aggressivität
Desorientierung
Demenz
Depression
Suizidalität

Maßnahmen   ggf. Notruf(112 und/oder 110)
                             Patient beruhigen
                             Gesprächsführung beachten
                             Nicht alleine lassen
                             Fremdanamnese kann von großer Bedeutung sein!
                             Eigenschutz beachten!

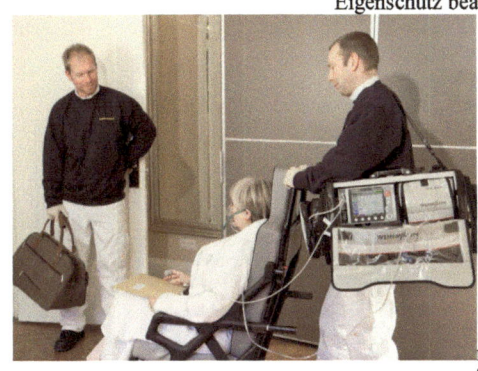

Bild 43: Psychische Betreuung und die Wichtigkeit der Gesprächsführung darf nicht Unterschätzt werden.

15.2. Toxikologische Notfälle(Vergiftungen)

Symptome   je nach schwere der Vergiftung von Übelkeit,
                             Erbrechen, Kopf-/Bauchschmerzen bis hin zur
                             Bewusstlosigkeit/ Eintrübung/ Wesensveränderung

Maßnahmen   Notruf
                             Vitalzeichenkontrolle
                             Atemwege sichern
                             Ablauf für Erbrochenes schaffen
                             nicht gezielt erbrechen lassen!
                             keine orale Nahrungs- oder Flüssigkeitszufuhr
                             Anamnese oder Fremdanamnese(Vergiftung durch
                             Medikamente, Pflanzen, Drogen, Tiergifte, Alkohol)
                             ggf. Gespräch mit Giftzentrale einleiten

15.3. Infektionsnotfälle

Symptome
Erbrechen
Übelkeit
Schwächegefühl
Bauchschmerzen
Durchfälle
Allgemeines Unwohlsein
HF hoch
RR niedrig
evtl. Fieber

Maßnahmen
Isolieren!
Notruf oder den Patienten selbstständig zum Arzt/ Krankenhaus schicken
Vitalzeichenkontrolle
Flüssigkeitszufuhr oral falls möglich, sonst Infusion vorbereiten
ruhen lassen
bei Bewusstseinseintrübung stabile Seitenlage
Ablauf für Erbrochenes schaffen

15.4. Allergische Reaktionen

Symptome
von Schwellung/ Rötung/ Überwärmung über Hautreaktionen
bis Bewusstseinseinschränkung
Herz-Kreislauf-Versagen

Maßnahmen
je nach Intensität Notruf
Kühlen
Vitalzeichenkontrolle
Kreislauffunktionen aufrechterhalten
Atemwege sichern! Zur Not mit Larynxtubus(Ausbildungsinhalte beachten!)

16. thermische Notfälle

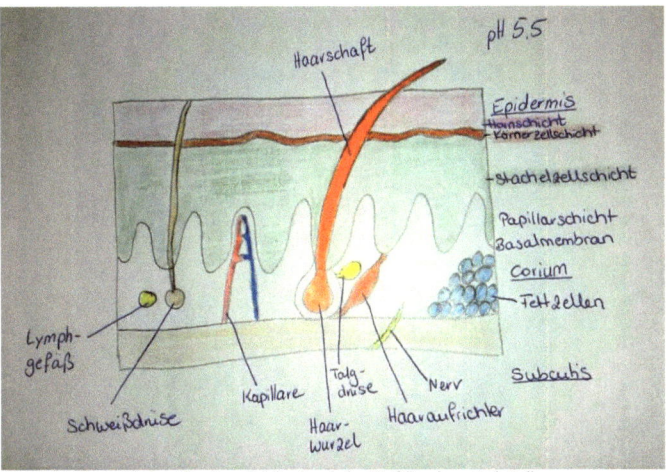

Abb.11: Die Haut spielt als größtes Organ bei den thermischen Notfällen eine zentrale Rolle

16.1. Hypothermie(Unterkühlung)

Symptome   Muskelzittern
                        Zyanose
                        Temperatur niedrig
                        HF niedrig
                        RR niedrig
                        ggf. Eintrübung

Maßnahmen   Notruf
                        Vitalzeichenkontrolle
                        Zentral erwärmen

16.2. Sonnenstich/ Hitzschlag/ Hitzeerschöpfung/ Hitzekrampf

Symptome   Kopfschmerzen
                        Übelkeit
                        Erbrechen
                        Schwindel
                        Lichtempfindlichkeit
                        allgemeines Unwohlsein
                        Eintrübung bis zur Bewusstlosigkeit
                        Krampfanfall möglich
                        Überwärmung

Maßnahmen	Notruf
	Vitalzeichenkontrolle
	Flüssigkeitszufuhr oral falls möglich
	in den Schatten setzen
	Ablauf für Erbrochenes schaffen
	ggf. stabile Seitenlage

16.3. Verbrennungen

I.Grad	starke Schmerzen
	Glatte, gerötete Haut
II.Grad	starke Schmerzen
	Brandblasen
	Bei offener Wunde feuchtes
	Wundmilieu

Bild 44: offenes Feuer

III.Grad	weißlicher Wundgrund
	Keine Schmerzen
IV.Grad	Verkohlung
Maßnahmen	ggf. Notruf
	Vitalzeichenkontrolle
	Kühlen(Wasser auf Zimmertemperatur)
	offene Wunden keimfrei abdecken
	bei großflächigen Verbrennungen Wärmeerhalt

Um den prozentualen Teil der verbrannten Haut benennen zu können, gibt es die sogenannte 9er-Regel:

Kopf	9%
Rumpf vorn	18%
Rumpf hinten	18%
Je Arm	9%
Je Handfläche	1%
Je Bein	18%

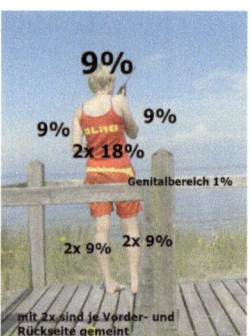

Abb.12: Grafische Darstellung der 9er-Regel

16.4. Strom- und Blitzunfälle

Symptome
Patient meldet sich nach Stromunfall
Ein-/ Austrittswunde sichtbar
Herzrhythmusstörungen möglich

Maßnahmen
Notruf
Vitalzeichenkontrolle
Ein- und Austrittswunde ggf. Keimfrau abdecken
regelmäßige 60-sekündige Pulskontrolle

Bild 45: Hochspannungsleitungen gehören zum Landschaftsbild

16.5. Erfrierungen

Symptome
von Missempfindungen, Schmerzen bis hin zum Taubheitsgefühl in Extremitäten
Rötung/ Blaufärbung/ nekrotisches(abgestorbenes) Gewebe

Maßnahmen
Notruf
Vitalzeichenkontrolle
Körpertemperatur des Patienten aufrechterhalten
keimfreies Abdecken der Wunden
kein Auftauen!
kein Reiben!

17. Wasserunfälle
17.1. Tauchunfall/ Dekompensationskrankheit

Taucher wird geborgen oder taucht selbstständig auf

Symptome
Müdigkeit
Hautjucken
Schmerzen
Gefühlsstörungen
Lähmungen
Bewusstseinsstörung bis zur Bewusstlosigkeit
Atembeschwerden
Hautveränderungen (Marmorierung)

Bild 46:Ein Gerätetaucher unter kontrollierten Bedingungen

Maßnahmen
Notruf
Sauerstoffgabe hochdosiert
Vitalzeichenkontrolle
Wenn möglich bis zu 1l trinken lassen
Körpertemperatur erhalten
Kreislauffunktion erhalten

17.2. Ertrinkungsunfall

Symptome
Aspiration von Flüssigkeiten
Rasselgeräusch
starke Hustenanfälle
Bewusstseinsstörung
SpO_2 niedrig
HF hoch
livide verfärbte Extremitäten
Zyanose

Maßnahmen
Notruf
Vitalzeichenkontrolle
Sauerstoffgabe hochdosiert
ggf. stabile Seitenlage
Atemwege sichern
bei erforderlicher Reanimation initial beatmen!

Achtung: Auch ein beinahe Ertrinkungsunfall muss in jedem Fall zur Beobachtung ins Krankenhaus! Gerade wenn Salzwasser aspiriert wurde(in die Lunge gelangt ist) wird der Körper versuchen den erhöhten Salzgehalt in der Lunge auszugleichen indem er Wasser aus dem Gewebe in die Lunge laufen lässt. Somit ist die Konzentration zwar wieder niedriger, aber der Patient ertrinkt sekundär.

18. Pharmakologie
18.1. Vorbereiten von Infusionen und Medikamenten

Vorbereiten von Infusionen:

Wurde der Rettungsdienst nachalarmiert und man hat das Material für Infusionen da ist es sinnvoll, wenn diese schon mal sachgerecht vorbereitet werden. Dabei ist sorgfältig auf die Hygiene zu achten!
Bei Infusionen mit goldenem Verschluss kann der Verschluss abgezogen werden und die Membran bedarf keiner weiteren Desinfektion. Bei Glasflaschen mit Kunststoffkappe ist dies anders, da ist eine Desinfektion erforderlich, bevor der Dorn der Infusionsleitung eingesteckt werden kann. Die Fläche auf der die Infusion zubereitet wird ist desinfiziert. Die Verpackung der Leitung kann aufgerissen werden(an der gekennzeichneten Ecke) und die Rollklemme wird zugedreht. Die Plastikkappe über dem Dorn kann entfernt werden und dieser wird in die Membran der Infusion gesteckt. Bei Plastikflaschen bleibt die Belüftung geschlossen, bei Glasflaschen muss sie geöffnet werden, da sonst keine Flüssigkeit aus der Flasche entweichen kann. Nun wird die Infusion umgedreht, die Tropfkammer zu einem Drittel mit Flüssigkeit gefüllt, die Rollklemme geöffnet und schließlich die gesamte Leitung entlüftet. Es darf niemals eine Leitung nur eingesteckt und nicht entlüftet werden. Wenn sie so an einen Patienten angeschlossen würde, würde Luft direkt in den Blutkreislauf gelangen und der Patient würde an einer Luftembolie sterben!

Vorbereiten von Medikamenten:

Es gibt verschiedene Formen von Medikamenten in der Notfallmedizin. Schon Sauerstoffgabe über Nasenbrille oder Maske zählt als Medikamentengabe.

Als Sanitätshelfer könnte man vor allem in Kontakt mit Aerosolen(Inhalatoren mit Gas oder Pulver) kommen, die Patienten mit bekannten Lungenerkrankungen häufig mit sich führen. Vor der Benutzung muss das Aerosol geschüttelt werden. Dann atmet der Patient tief aus, setzt das Mundstück an, löst das Aerosol aus und atmet dabei tief ein.

Ein weiteres Medikament wäre bei Patienten mit bekanntem Bluthochdruck. Sie führen ein kleines Sprühfläschchen mit, wessen Flüssigkeit sie im Falle einer Krise unter die Zunge sprühen müssen(1-2 Sprühstöße).

Patienten mit bekannter Zuckerkrankheit(Diabetes mellitus) könnten einen Insulinpen bei sich führen. Sollten sie den Sanitätshelfer bitten diesen für ihn vorzubereiten kann er dies tun. Es muss eine Kanüle aufgeschraubt werden. Ist die Flüssigkeit in dem Pen trüb, muss er zehn Mal geschwenkt(nicht geschüttelt) werden, ist sie klar, kann direkt die erforderliche Anzahl an Einheiten durch eine Drehbewegung am Ende des Pens aufgezogen werden. Die aufgezogene Menge wird akustisch durch klicken und optisch durch eine Anzeige festgestellt. Wichtig ist jedoch, dass der Patient sich selbst spritzt!

Kommt nun der Rettungsdienst dazu ist es hilfreich, wenn der Sanitätshelfer diesen mit Unterstützen kann, z.B. durch das Aufziehen von Medikamenten.
Es gibt Medikamente, die schon fertig in der Brechampulle sind, bei diesen wird die Ampulle mit desinfizierten Händen auf einer desinfizierten Fläche geöffnet, indem sie mit der Markierung am Ampullenhals nach vorn gehalten und der Ampullenkopf nach hinten weggebrochen wird. Nun kann das Medikament mithilfe einer Spritze und einer Aufziehkanüle aufgezogen werden. Die Spritze wird beschriftet und verschlossen.

Bei Weitergabe an Arzt oder Rettungsdienstpersonal unbedingt das Medikament und die Dosierung benennen und die Ampulle zeigen bevor sie verworfen wird, um Verwechslungen zu vermeiden.

Sollte das Medikament in Pulverform vorliegen, gibt es dafür auch eine dazugehörige Flüssigkeit als Lösungsmittel, welches zuerst mittels Spritze und Aufziehkanüle zu dem Medikament hinzugegeben werden muss und schließlich das aufgelöste Medikament wieder in die Spritze aufgezogen werden kann.

Eine dritte Möglichkeit ist das Verdünnen eines Medikaments. Dabei wird zuerst das Lösungsmittel, meistens NaCl 0,9%(isotonische Kochsalzlösung), in eine Spritze aufgezogen und schließlich das Medikament dazu.

Ein Medikament kann auch in eine Spritze aufgezogen und in die laufende Infusion gegeben werden. Das ist z.B. bei Schmerzmedikamenten üblich, aber die Applikation(Medikamentengabe) obliegt auch hier nicht dem Sanitätshelfer.

18.2. Medikamente

Bei diesen Medikamenten handelt es sich jeweils um den Wirkstoff, sie können unter anderem Handelsnamen im Umlauf sein.

Sauerstoff	Sauerstoff ist als Medikament einzuordnen und nicht leichtfertig zu verabreichen. Besteht die Indikation zur Sauerstoffgabe ist die Dosierung noch zu wählen. Wird Sauerstoff für die Psyche eingesetzt, ist eine niedrige Dosierung zu wählen. Man sollte sich bei der Sauerstoffgabe an der Sauerstoffsättigung des Patienten orientieren. Über 96% ist meistens keine Sauerstoffgabe erforderlich.
Sterofundin iso, 0,9%, Ringer-Lösung	Bei diesen Lösungen handelt es sich um gebräuchliche NaCl Infusionslösungen. Die Wahl der Infusionslösung obliegt nicht dem Sanitätshelfers, er sollte jedoch in der Lage sein sie vorzubereiten.
Glucoselösung	Bei Unterzuckerung induziert, kann Überzuckerung hervorrufen. Glucoselösungen kann man pur, als Infusion oder in die laufende Infusion verabreichen, das obliegt jedoch nicht dem Sanitätshelfer.
Budenosid	Budenosid ist ein zu inhalierendes Dosieraerosol, welches von Asthma- und COPD-Patienten mitgeführt werden könnte und bei akuter Luftnot vom Patienten einzunehmen ist. Eine Nebenwirkung kann Heiserkeit sein, bei Daueranwendung ein Pilzbefall der Atemwege.
Salbutamol	Auch hierbei handelt es sich um ein Medikament für Asthmatiker und COPD Patienten.
Fenoterol	Ebenfalls ein Medikament, welches Asthmatiker bei sich tragen könnten und im Notfall einsetzen sollen. Nebenwirkungen können Tachyarrhythmie(zu schneller unregelmäßiger Puls), Extrasystolen(zusätzliche Herzaktivitäten mit oder ohne Auswurfleistung), Brustenge und Muskelzittern sein.

Terbutalin	Ebenfalls bei Asthma und COPD vom Patienten selbst einzunehmen. Nebenwirkungen siehe Fenoterol.
Insulin	Insulin ist für Patienten mit Diabetes mellitus unter Umständen lebensnotwendig. Ist ein Diabetiker in Behandlung mit Überzuckerung(nachweislich!) und selbst in der Lage sich sein Insulin zu spritzen, darf er dies nach seinem Schema tun, ist er nicht mehr in der Lage es vorzubereiten, die Vorbereitung aber anzuleiten und sich dann selbst zu spritzen, ist auch dies möglich. Ein Sanitätshelfer darf kein Insulin verabreichen. Wurde Insulin gespritzt sind weitere Zuckerkontrollen durchzuführen. Es ist Traubenzucker oder ähnliches für den Fall einer Unterzuckerung bereit zu halten.
Nitroglycerin	Patienten, die bekannte Blutruckprobleme haben, könnten dieses Medikament mitführen. 1-2 Sprühstöße unter die Zunge gesprüht bewirkt es, dass sie Blutgefäße sich weiten und der Blutdruck fällt. Bei Anwendung soll der Patient mindestens sitzen, da bei zu schnellem Blutdruckabfall ein Kollaps folgen kann. Dieses Medikament darf vom Patienten eingenommen werden, muss jedoch unter engmaschiger Beobachtung und Vitalzeichenkontrolle stehen! Eine weitere Nebenwirkung können Kopfschmerzen sein.
Fentanylpflaster	Schmerzpatienten sind häufig mit Fentanylpflastern ausgestattet. Nebenwirkungen können eine Atemdepression(unzureichender Atemantrieb), Sedierung, Bradykardie(niedrige Herzfrequenz) und Hypotonie(niedriger Blutdruck). Findet man einen, vor allem älteren Patienten, mit diesen Symptomen vor, sollte man ein Fentanylpflaster in Betracht ziehen.
Morphinpräparate	Starke Schmerzpatienten sind häufig mit Morphinpräparaten eingestellt. Morphin kann ähnlich dem Fentanyl eine Atemdepression, eine Bradykardie und eine Hypotonie auslösen. Bei einem Patient mit diesen Symptomen oder auch einer Bewusstseinseintrübung könnte man eine Überdosierung in Betracht ziehen. Außerdem wird die Darmtätigkeit gehemmt. Eine Überdosierung ist akut lebensbedrohlich!
Antikoagulation	Meistens für die Ersthelfer am Patienten weniger relevant als Medikament zum Verabreichen entgegen dem Wissen, ob der Patient einer Antikoagulationstherapie untersteht. Das bedeutet, ob er etwas gerinnungshemmendes einnimmt wie beispielsweise Acetylsalicylsäure(ASS) oder Marcumar. Tritt bei einem solchen Patienten eine Blutung ein, wird sie wahrscheinlich schwieriger zu stillen sein als bei einem Patienten ohne Antikoagulation.

19. Verzeichnis der Fachbegriffe

Zur Hilfestellung liste ich hier noch einmal wichtige Fachbegriffe auf.

Abdominell	den Bauchraum betreffend
Aggressivität	Bereitschaft zu aggressivem Verhalten
Amputat	abgetrenntes Körperteil
Anamnese	Krankengeschichte
Anatomie	Lehre des Körpers, der Körperteile
Aneurysma	Aussackung in einem Blutgefäß
Antrum	Vorraum des Pförtners, Magenabschnitt
Antikoagulation	Hemmung der Blutgerinnung
Aortenklappe	Herzklappe zwischen linker Kammer und Hauptschlagader
Apnoe	Atemstillstand
Apoplex	Schlaganfall
Appendizitis	Entzündung des Wurmfortsatzes
Arrhytmisch	unregelmäßig
Arterie	vom Herzen wegführendes Blutgefäß
Aspiration	das Eindringen fester oder flüssiger Stoffe in die Lunge
Asystolie	Herzstillstand
Auskultation	Abhören
Axon	reizweiterleitender Anteil einer Nervenzelle
Beugesynergismus	krampfhafte Beugehaltung von Extremitäten
Bradykardie	zu langsame Herzfrequenz
Cholezystitis	Entzündung der Gallenblase
Commotio cerebri	Gehirnerschütterung
Compressio cerebri	Gehirnquetschung
Contusio cerebri	Gehirnprellung
COPD	chronisch obstruktive Lungenerkrankung
CPR	Cardio Pulmonale Reanimation
Dekompensiert	sonst ausgeglichene Schwäche verursacht Symptome
Delir	Zustand geistiger Verwirrung
Demenz	Erkrankung, die geistigen Fähigkeiten betreffend
Denaturierung	Veränderung der natürlichen Struktur
Depression	stimmungsbeeinflussende Erkrankung
Desorientierung	Verlust über die zeitliche, räumliche, situative oder der Person betreffenden Orientierung
Diagnose	Erkennung und Benennung einer Krankheit
Diastole	Entspannungsphase des Herzen
Divertikulitis	Entzündung der Darmschleimhaut
Duodenum	Zwölffingerdarm, Dünndarmabschnitt
Dyspnoe	Luftnot/ Atemnot
Erythrozyt	rotes Blutkörperchen
Elektrolyt	Mineral, in Körperflüssigkeit gelöst
Embolie	Verschluss oder Verengung eines Blutgefäßes durch ein körpereigenes oder körperfremdes Objekt

Embryo	heranreifender Säugling im Mutterleib
Endokrinologie	Hormonausschüttende Drüsen betreffend
Enzephalitis	Entzündung des Gehirns
Enzymatisch	durch Enzyme/ körpereigene Katalysatoren
Exazerbiert	Verschlechterung der Symptome innerhalb kurzer Zeit
Extremitäten	Arme und Beine
Fazial	das Gesicht betreffend
Fraktur	Knochenbruch
Fundus	Magengrund, Magenabschnitt
Gastrointestinal	Verdauungstrakt betreffend
Gynäkologie	Lehre der weiblichen Fortpflanzungsorgane
Hämaturie	Blut im Urin
Harnverhalt	Unvermögen Urin zu lassen
Hautkolorid	Hautfarbe
Hepatisch	Leber betreffend
Hormon	von Drüsen freigesetzter Botenstoff
Hyper...	das normale Maß übersteigend
Hyperglykämie	Überzuckerung
Hypertensive Krise	Blutdruckkrise
Hyperventilation	zu große Abatmung von CO_2 über zu hohe Atemfrequenz
Hypo...	das normale Maß unterschreitend
Hypoglykämie	Unterzuckerung
Hypothermie	Unterkühlung
Ikterus	Gelbfärbung der Haut
Ileum	Krummdarm, Dünndarmabschnitt
Immobilisation	Ruhigstellung
Initial	anführend, hier erste Maßnahme
Inspektion	Ansehen des Patienten
Inspiration	Einatmung
Insuffizienz	unzureichende Funktionstüchtigkeit
Ischämie	untergehendes Gewebe durch Sauerstoffmangel
Isotonisch	Verhältnis von Nährstoffen und Flüssigkeit entspricht dem des menschlichen Blutes
Jejunum	Leerdarm, Dünndarmabschnitt
Kardia	Mageneingang, Magenabschnitt
Koma	tiefe Bewusstlosigkeit
Korotkovtöne	Herztöne, die man bei der Blutdruckmessung hört
Krepitation	Knirschgeräusche aufeindanderreibender Knochen
Liquor	Nervenwasser
Livide	blassblaue, fahle Verfärbung
Marmorierung	Marmormusterung der Haut
Mediastinum	Benennung des Raums in der das Herz liegt
Meningitis	Entzündung der Hirnhäute

Mesentarialinfarkt	Verschluss der Darmgefäße
Mitralklappe	Herzklappe zwischen linkem Vorhof und linker Kammer
Motorisch	Bewegung betreffend
Multiorganversagen	Versagen mehrerer Organe
Nekrose	abgestorbene Zellen oder abgestorbenes Gewebe
Neuron	Nervenzelle
Obstruktiv	einengend
Oesophagus	Speiseröhre
Ödem	eingelagerte Flüssigkeit in Gewebe oder Zellen
Oral	durch den Mund
Orthopnoe	Atemnot, Patient bekommt nur in aufrechter Position Luft
Ophtalmologisch	das Auge betreffend
Palpation	Abtasten
Pankreas	Bauchspeicheldrüse
Pankreatitis	Entzündung der Bauchspeicheldrüse
Parenteral	unter Umgehung des Verdauungstraktes
Parese	Lähmung, die durch Wortzusatz genauer definiert wird
Perkussion	Abklopfen
Perikard	Herzbeutel
Peritonitis	Entzündung des Bauchfells
Pharmakologie	Lehre der Arzneimittel
Physiologie	Lehre von normalen Körpervorgängen
Plazenta	Mutterkuchen
Pleuraspalt	Spalt zwischen Rippenfell und Lungenfell
Pneumonie	Lungenentzündung
Pneomothorax	Luftansammlung zwischen Lungen- und Rippenfell
Prognose	zu erwartender Krankheitsverlauf
Psyche	Gemütszustand/ Befinden des Menschen
Pulmonal	die Lunge betreffend
Pulmonalklappe	Herzklappe zwischen rechter Kammer und Lungenarterie
Pylorus	Magenpförtner
Reanimation	Wiederbelebung
Respiratirisch	die Lunge und Atemwege betreffend
Reservoir	Speicherort für Gas oder Flüssigkeit
Resorption	(Wieder-)Aufnahme von Nährstoffen
RR	Bezeichnung für den Blutdruck nach dem Entdecker Riva-Rocci
Septum	Herzscheidewand oder Nasenscheidewand
Steril	Keimfrei
Strecksynergismus	krampfhafte Streckhaltung von Extremitäten
Subarachnoidalblutung	Hirnblutung in einem bestimmten Areal
Suizidalität	Selbstmordgefährdung
Symptom	Krankheitszeichen
Syndrom	Symptomkomplex
Synergismus	Zusammenwirken von Kräften, Stoffen oder Lebewesen, die sich gegenseitig fördern

Synkope	kurzfristige Bewusstlosigkeit
Systole	Anspannungs- und Austreibungsphase des Herzens
Tachykardie	zu schnelle Herzfrequenz
Tachypnoe	zu schnelle Atmung
Therapie	Behandlung
Thorax	Brustkorb
Tinnitus	Piepton auf einem oder beiden Ohren
Tonus	Spannungszustand eines Muskels
Toxikologie	Lehre von Giften
Traumatologie	Lehre über Verletzungen und Wunden
Trikuspidalklappe	Herzklappe zwischen rechtem Vorhof und rechter Kammer
Urether	Harnleiter
Urethra	Harnröhre
Urologie	Lehre der ableitenden Harnwege
Vakuum	luftleerer Raum
Vene	zum Herzen hinführendes Blutgefäß
Ventilation	Belüftung
Verbal	Kommunikation über Sprache
Vigilanz	Bewusstseinszustand
Vitalzeichen	kontrollierbare Werte der Körperfunktionen
Zentralisation	Konzentration der Blutversorgung auf die wichtigsten Körpefunktionen
Zerebral	das Gehirn betreffend
Zyanose	Blaufärbung der Schleimhäute und der Haut

20. Quellenverzeichnis

„Notfallsanitäter heute", Urban und Fischer Verlag/ Elsevier GmbH, Hrsg. Jürgen Luxem, Klaus Runggaldier, Harald Karutz, Franz Flake, erschienen am 10.05.2016, 6. Auflage

„Mensch Körper Krankheit", Urban und Fischer Verlag, Hrsg. Renate Huch, Klaus D. Jürgens, erschienen als 6. Auflage 2011

„BASICS Notfall- und Rettungsmedizin", Urban und Fischer Verlag/ Elsevier GmbH, Tobias Helfen, erschienen als 2. Auflage 2012

„LPN San", Verlagsgesellschaft Stumpf und Kossendey mbH, Edewecht, Hrsg. Markus Böbel, Hans-Peter Hündorf, Roland Lipp, Johannes Veith, erschienen als 3. Auflage 2012

20.1. Bilder- und Abbildungsverzeichnis

WEINMANN Emergency Medical Technology GmbH + CO. KG
Titelbild
Bilder 1, 2, 4 K.1.3, S.10
    7-11 K.1.5, S.13
    12-15 K.1.5, S.14
    16-18 K.1.5, S.15
    19 K.2.1, S.16
    32 K.2.5, S.24
    34 K.2.5, S.26
    39/40 K.4.1, S.30f.
    42 K.11.2.8, S.55
    43 K.15.1, S.63

Lisa Lütke-Stratkötter und Thomas Jeßulat
Bilder 6 K.1.5, S.12
    21 K.2.3, S.20
    22-26 K.2.4, S.21
    27a-d K.2.5, S.22
    28-30 K.2.5, S.23
    31 K.2.5, S.24
    33a-k K.2.5, S.25f
    35/36 K.3.1, S.28
    37 K.3.3, S.29
    38 K.3.4, S.29

Daria Böker
Bilder 3/5 K.1.3, S.10
    20 K.2.2, S.17
    41 K.6.2, S.36
    44 K.16.3, S.66
    45 K.16.4, S.67
    46 K.17.1, S.68

Schema 1 K.2.1, S.16
    2 K.2.2, S.17
    3 K.5.3, S.34
    4 K.11.1, S.51

Abbildungen 1 K.6.1, S.35
    2 K.7.1, S.40
    3 K.8.1, S.43
    4/5 K.10.1, S.47
    6 K.11.1, S.51
    7/8 K.12.1, S.56
    9 K.13.1, S.59
    10 K.14.1, S.61
    11 K.16, S.65
    12 K.16.3, S.66